RECUEIL

de

diverſes pieces

touchant quelques nou-

velles

MACHINES.

Paris. — Imprimerie de Dubuisson et Cᵉ, rue Coq-Héron, 5.

RECUEIL

de

diverſes Pieces

touchant quelques nou-

velles

MACHINES.

Et autres subjets philoſophi-

ques dont on voit la liſte dans les

pages ſuivantes

par

Mr. D. PAPIN,

Dr. en Med. Profeſſeur en Ma-

thématiques dans l'Vniversitê de Mar-

bourg, et membre de la Societé

Royale de Londres

PARIS.

LIBRAIRIE BORRANI ET DROZ,

RUE DES SAINTS-PÈRES, 9.

—

MDCCCLV.

A Son Alteſſe Serenissime
Monſeigneur
le
PRINCE FRIDERIC
fils aiſné du tres haut et tres
puiſſant
PRINCE CHARLES
Landegrave de Heſſe, Prince de Hers-
feld, Comte de Catzeneleboge,
Dietz, Ziegenhain, Nidda
et Schaumburg.

Monfeigneur,

Le grand prince qui a donné la naissance à Votre Altesse Serenissime fait paroistre ses vertus par tant d'actions si grandes et si
diverses qu'il n'y a pas lieu d'esperer qu'aucun autheur, en ecri-
vant son histoire, puisse avoir assez de diligence et d'exactitude
pour n'obmettre rien de ce qui merite de passer aux siecles à venir, pour servir d'exemple et de modèle à la posterité. Or il se
trouve dans ce petit ouvrage diverses choses qui sont des plus en
danger d'estre negligees et obmises par les historiens. Car assu-

rement, Monseigneur, dans ces temps de guerre, où il semble qu'on fasse principalement consister la gloire à pouvoir opprimer grand nombre d'innocents pour acquérir quelque augmentation d'authorite et de richesses, les soings que nostre souverain daigne prendre pour le soulagement des pauvres paroistront trop peu à la mode pour tenir place dans vne histoire toute remplie d'actions éclatantes : et mesmes il y aura bien des gens qui trouveront que, par exemple, S. A. S., tirant tous les ans des revenus si considérable de la vente de ses bois, elle fait une grande faute de perfectionner des inventions qui en epargnant le bois en diminueront le prix. Mais, Monseigneur, quoyqu'en puisse dire la politique de nostre temps, il faut pourtant avouer qu'une bonte si desinteressee a quelque chose de bien divin, et que durant les siecles d'or, lorsqu'on deifioit ceux qui contribuoient au bonheur public, on a mis au nombre des dieux plusieurs heros qui n'avoient pas fait paroistre leurs vertus divines par des preuves si pures et si utiles comme nous en voions tres souvent produire au généreux prince et pere de la patrie. Il est donc à souhaiter, Monseigneur, que dans ce genre aussi l'on eternise les actions de nostre heros, afin qu'elles excitent la posterite à relever et remettre en vogue ces sortes de vertus qui sont presque tombees dans le mepris. C'est là, Monseigneur, ce qui m'a donné la hardesse de me jeter aux pieds de V. A. S. pour la supplier, avec toute la soumission que je doibs, de permettre que son auguste nom paroissant à la teste de cet ouvrage luy procure plus d'estime qu'on n'en pourroit attendre de la foiblesse de son autheur. Le public sera redevable à V. A. S. des avantages qu'il en tirera : et moy ressentant, avec vne profonde humilité, l'honneur dont je seray comblé, je pousseray des vœux tres ardents à Dieu qu'il luy plaise de continuer d'ependre de plus en plus sur V. A. S. les dons admirables qui la rendent digne fils de son glorieux pere et l'esperance de ses sujets. Je suis avec vn tres profond respect,

Monseigneur,

De Votre Altesse Serenissime,

Le tres humble et tres obeissant serviteur
et sujet,

D. Papin.

DESCRIPTION

DE LA

Pompe de Heſſe.

On a desja veu, dans les actes de Leipsik au mois de juin de l'année 1689, sous le titre de *Rotatilis Suctors et Pressor hassiacus*, la description de cette machine que l'on croit qu'il sera plus commode de nommer *Pompe de Hesse* : mais parceque cette nouvelle invention se doibt appliquer à quelques nouveaux desseins qui sont contenus dans cet ouvrage : on a juge à propos de l'inserer icy, afin que les lecteurs puissent avoir plus facilement tout ce qui leur sera necessaire pour l'intelligence de ce recueïl : Outre qu'on a remarqué dans les actes quelque chose qui manquoit encore, à cette invention et qu'on pourra suppleer icy : Voici donc ce qui est dans les actes.

POMPE DE HESSE.

Decouverte et demonstrer dans la Serenissime cour de Cassel.

Le celebre Monsieur Salomon Reiselius, conseiller et premier medecin de S. A. S. le Prince Frideric Charles administrateur de Wurtemberg fit, par la liberalité et l'ordre de ce grand Prince, imprimer en l'année 1684, vne machine qu'il nomma le Siphon de Wurtemberg : et il se contenta de rapporter les proprietez essentielles de ce nouveau Siphon sans decouvrir la cause, d'ou procedoient tous ces effets : mais j'eus le bonheur soubs les auspices et par ordre de l'illustre société Roiale de Londres, de construire vne machine qui faisoit tous les mesmes effets qu'on voioit marquez dans le livre de M. Reiselius, comme on peut le voir dans les transactions philosophiques de Londres N. 167. page 887 et dans les nouvelles de la Republique des Lettres du mois de mai 1685. et Monsieur Reiselius ayant veu ma description avoua que j'avois devine tout le secret. Cet heureux succes m'a rendu hardi, et comme j'ai presentement l'honneur de travailler soubs les auspices des tres haut et tres puissant Prince Charles Landgrave de Hesse, je n'ay pas fait de difficulté d'entreprendre d'imiter aussi le *Rotatilis Suctor et Pressor*, dont il est parle dans le mesme ouvrage : et quoi qu'on ne nous en donne aucune coignoissance que ce que l'on peut conjecturer du nom de cette machine, je me flatte pourtant que dans cette occasion j'auray encor assez heureusement rencontre. Et en effet S. A. S. nostre Prince estant depuis peu venu à Marbourg il me fit l'honneur de m'ordonner de luy montrer quelques experiences nouvelles, et ayant entre autres remarqué que la machine dont il s'agit pouvoit être vtile en bien des rencontres, S. A. S. me commanda de la publier au plustost : si bien que j'ay couché par ecrit la description presente avec toute la clarté dont j'ay esté capable : et je doute point que l'on ne la reçoive avec beaucoup de joie : puisqu'elle fera voir que tant de soings et si importants, que ce grand Prince prend tous les jours pour les affaires de la guerre, n'empeschent pas qu'il ne continue d'honorer les sciences et les beaux arts de sa faveur et de sa protection accoutumée.

Cette machine est composée d'vn vaisseau cylindrique peu profond, comme AAAA fig. 1, par son centre passe l'aissieu BB auquel sont attachées les ailes CCCC, en s'estendant depuis ledit aissieu jusques à la circonférence en sorte qu'elles la touchent presques, mais pourtant elles ne peuvent tourner librement sans que le vaisseau AAAA se remue. Il est clair que si l'on fait tourner ledit aissieu avec ses ailes, il faudra aussi nécessarement que l'eau renfermée dans le dit vaisseau AAAA, soit emportée par le même mouvement circulaire et que par conséquent elle fasse vn effort continuel pour s'eloigner du centre de son mouvement. Car M. Descartes a fort bien remarqué au commencement de ses Principes que c'est vne loy de nature que tous les corps tendent toujours à continuer leurs mouvements en lignes droittes : et que, par conséquent dans les mouvements circulaires il doibt se faire vn effort continuel pour s'éloigner du centre suivant la direction des tangentes du cercle : il s'ensuit donc que si on forme exactement le vaisseau AAAA, et qu'on laisse quelques ouvertures proche de l'aissieu pour laisser entrer l'eau du dehors, et qu'à la circonférence il y ayt vne autre ouverture, à laquelle on applique vn tuyau AD suivant la direction de la tangente, il s'ensuit dis je que l'eau tournant dans le vaisseau AAAA, entrera avec toute sa vitesse dans le tuyau AD, et ainsi qu'elle montera à toute la hauteur ou les corps peuvent monter avec vne telle vitesse suivant vne telle direction. Si donc la vitesse estoit de parcourir 32 pieds en vne seconde, cette eau (faisant abstraction de la résistance de l'air) pourroit monter perpendiculairement à la hauteur de 16 pieds : et, si la vitesse estoit plus ou moins grande, l'eau monteroit aussi plus ou moins haut, en raison doublée des vitesses (comme on le peut demonstrer par la doctrine de Galilée) il sera donc facile de trouver par le calcul quels degrez de vitesse seront requis pour eleuer l'eau à telle hauteur que l'on pourra désirer : Et comme on peut augmenter la vitesse à l'infini, il n'y a point de si grande hauteur à **quoy** l'on **ne** puisse atteindre par le moien de cette machine, **pourvu** qu'on **ayt** des forces suffisantes, et qu'on fasse abstraction de la **résistance** de l'air.

Cette invention serait fort commode, non-seulement pour **orner** les maisons de plaisance, où fort peu d'hommes pourraient faire jouer de telles machines et ainsi faire des jets d'eau très considérables dans les lieux les plus élevez et qui dureroient autant qu'on voudroit; et, comme ces instruments sont fort simples et qu'ils n'ont point besoin de tuyaux de conduite il ne faudroit presque point d'autre despenses que pour faire les reservoirs ou l'on garderoit l'eau, qui estant vne fois portée en haut serviroit à reiterer les jets et circulations toutes les fois que l'occasion s'en présenteroit; mais ces machines seroient aussi très vtiles pour eteindre les incendies et ieter l'eau en grande quantité et fort loing partout ou la necessité le requerroit : et vn seul vaisseau cylindrique d'vn pied ou deux de diametre et d'vn pouce de profondeur, avec des ailes fort aisées à faire, pourroit produire plus d'effet que tous les instruments qu'on a inventez iusques icy pour éteindre les incendies : quoyque d'ordinaire ils soient composez de deux **grosses** pompes auxquelles il faut aiuster des pistons qui y soient exacts dans toute la longueur : il faut aussi quatre soupapes bien travaillées : mais qui sont pourtant tousiours suiettes aux ordures qui peuvent les empescher de se fermer exactement : et vne seule venant à manquer suffit pour empescher vne bonne partie de l'effet.

Pour se servir de ces machines, le plus facile et le plus seur seroit de les enfoncer dans l'eau en sorte que les ouvertures proche de l'aissieu y fussent tout à fait cachées, et qu'ainsi l'eau y pust entrer par son poids sans l'aide de ce qu'on appelle suction; mais neantmoins s'il estoit necessaire, on pourroit aussi placer ces machines à quelque hauteur audessus de l'eau, qu'on voudroit eleuer, comme on peut voir dans la fig. 2. a. ou le vaisseau AAAA, est représenté tout fermé : et à l'ouverture anterieure est soudé le tuyau PP, en sorte que le bout d'embas estant enfoncé dans l'eau doibt necessairement la succer pour remplir la place de l'eau qui sort par le tuyau AD, pourvu qu'on fasse tourner les ailes de la machine avec vne uitesse suffisante pour elever vne colonne d'eau de la hauteur PP. Il y a pourtant quelque difficulté pour la partie de derrière du vase AAAA, dans l'endroit par ou passe l'aissieu BB, car il est necessaire que cet aissieu tourne, et neantmoins il faut empescher que l'air n'entre par le trou ou passe cet aissieu : car si l'air entroit, l'eau ne seroit point attirée par le tuyau PP.. Mais on peut assez facilement remedier à cette difficulté par le moien de cuirs qu'on appplique à ces sortes de trous : Car vn aissieu cylindrique faisant son trou dans vn cuir le remplit et bouche exactement : mais neantmoins, pour oster tout soupçon, on met plusieurs cuirs de cette sorte et ou a soing de faire que les espaces entre deux soient tousiours remplis de syrop ou autre liqueur fort épaisse : et ainsi cet endroit est autant bien muni qu'on scau·

roit souhaitter pour empescher l'entrée à l'air exterieur. Si donc les autres parties se trouvent aussi bien fermées, et que la machine estant remplie d'eau on tourne l'aissieu avec la vitesse qu'il faut, l'eau sera necessairement succée par le tuyau PP et elle iaillira par le tuyau AD estant pressée et chassée par les ailes de l'aissieu; et par consequent cette machine merite le nom de *Rotatilis, Suctor et Pressor* aussi bien que celle de monsieur Reiselius.

Ie ne représente point icy le chassis de bois ou il faut affermir cette machine afin qu'on la puisse faire iouer commodement, car chacun peut diversifier cela selon les differents usages à quoy on voudra l'appliquer. Et pour moy dans ce premier essay ie ne me suis serui que d'vn rouet à filer. J'en fais passer la corde sur la poulie RR qui est affermie sur l'aissieu BB, en sorte que en tournant la roue du dit rouet il faut necessairement que la poulie avec l'aissieu et les ailes qui luy sont attachées tournent aussi avec promptitude : et alors on voit manifestement que plus la vitesse est grande, plus aussi l'eau sort avec force par le tuyau A D.

Au reste, outre les vtilitez dont on a desia parlé, on peut encor dire que cette machine peut seruir d'vn fort bon soufflet et qu'on la ferait iouer par le moien des riuieres, des contrepoids ou autres forces de cette nature beaucoup plus commodement que les soufflets ordinaires : car on n'aurait point besoin de donner des mouvements contraires pour ouurir et fermer le soufflet : ni d'y emploier du cuir qui se gaste facilement à la chaleur : et, comme on n'aurait à mettre en mouvement rien que de l'air qui ne pese que fort peu, vne force mediocre suffiroit pour tourner fort impetueusement les ailes de la machine et ainsi faire vn vent tres violent. Mais neantmoins Son Alt. Seren. jugea fort bien qu'on pouuoit tirer de cette invention quantité d'autres vtilitez : Car il arrive bien plus souvent qu'il faut eleuer l'eau dans des tuyaux, qu'il ne se rencontre qu'on la doive faire jaillir dans l'air. Si donc on prépare des tuyaux si bien proportionnez que l'eau y puisse monter sans obstacle, on pourra les attacher à l'ouverture D, afin que l'eau y monte, et ainsi les vsages de cette machine seront beaucoup plus frequents qu'ils ne seroient sans cela. Or on ne sçauroit nier que cela ne soit fort à souhaitter, puisque cet instrument est extremement simple, sans frottement et peu suiet à reparation. Ce grand Prince me commanda donc aussi de travailler à cela et ie ne doute point que la chose ne puisse fort bien reussir : Car il est constant que l'eau enfermée dans des tuyaux monte aussi facilement comme elle iailliroit à l'air ouvert : et mesme on remarque que l'eau iaillissante ne parvient pas tout à fait à la mesme hauteur que si elle montoit dans des tuyaux : Il faut donc seulement auoir soing que la capacité des tuyaux s'augmente en mesme proportion que la vitesse de l'eau diminue en montant : car par ce moien il arriuera, que la mesme quantité d'eau pourra passer en mesme temps dans toute la longueur du tuyau. Or on peut aisement demonstrer que cette augmentation

de la capacité des tuyaux sera telle qu'on la demande si on fait
la ligne A C, fig. 3, égale à la hauteur ou doit monter l'eau, et
qu'on la diuise en tel nombre qu'on voudra de parties égales
telles que sont C E, E F, F G, etc., et que par les poincts de
la diuision on tire les pendiculaires d D, x X, y Y, etc , et ayant
pris C D, demi diametre du bas du tuyau, qu'on fasse E X, à C D,
en raison soubs quadruplée de A C, à A E : et F Y, à C D, aussi
en raison soubs quadruplée de A C, à A E, et ainsi de suitte
iusques à la derniere T Z, qui doibt aussi estre à C D, en raison soubs quadruplée de A C, à A T. Qu'on prenne ensuitte de
l'autre costé de la ligne C A, les distances C d, E x, F y, etc.,
egales à C D, E X, F Y, etc., et ayant decrit des lignes courbes
par les poincts D, X, Y, etc. d, x, y, etc., l'espace Z z, d D,
sera le modele sur quoy il faudra prendre les diametres pour chaque hauteur du tuyau, en formant l'argille sur quoy on foudra le
tuyau : ou bien, à cause que les tuyaux de fonte sont trop pesans,
il vaudra mieux faire ces tuyaux quarrez de feuilles de metal sou-
dées les vnes aux autres et qui ayant esté marquees et coupees
sur vn modèle fait de la manière que ie viens de decrire. Il faudra pourtant prendre garde que ces sortes de feuilles ne montent pas perpendiculairement, mais qu'il faut qu'elles se cour-
bent en dehors pour augmenter la capacité du tuyau : et par
consequent il ne suffira pas que leur longueur egale la hauteur ou
l'eau doibt monter ; mais il faudra qu'elle la surpasse d'autant
que la courbe D X Y, etc., surpasse la ligne droitte qui s'eleue perpendiculairement jusques à la mesme hauteur ; et il faudra faire
cette remarque sur chaque partie des dittes lignes en particulier.
i'auoue à la verité qu'au commencement ces tuyaux couteront
beaucoup de temps et de travail ; mais, quand on aura vne fois des
modeles pour quantité de differentes hauteurs, ces tuyaux se feront presques avec autant de facilité que les tuyaux ordinaires, et
ils auront vn aduantage tres considerable, c'est qu'ils n'auront besoing ni d'estre forts, ni d'estre soudez fort exactement, quelle que
puisse estre leur hauteur : Car le poids de l'eau ne pourra les
charger, puisque la vitesse qui la portera en haut surpassera tousiours la force de la pesanteur, et empeschera qu'elle ne fasse effort contre les costez du tuyau. Mais dans les autres machines qui
eleuent l'eau à vne hauteur considerable il y a beaucoup de difficulté à faire des tuyaux si forts, si bien soudez et si bien joints
qu'ils puissent longtemps resister à l'eau qui les presse au dedans
et qui fait effort pour les entrouurir. Peut-estre aussi que les modeles dont i'ay parlé se pourroient faire assez facilement par le
moien de quelque iet d'eau ou d'autre liqueur moins transparente :
car en approchant vn plan du costé opposé à la lumiere on pourra
tirer des lignes par les bords de l'ombre qui paroistra sur ce plan :
et il y a lieu de croire que cela fera vne figure fort peu differente
du modele requis.

On pourroit aussi faire quelque instrument pour decrire la courbe D X Y Z, et son petit modele pourroit aisement seruir à en faire

de plus grands par le moien de l'instrument qu'on appelle *Singe*
l'ai desseing, Dieu aidant, de faire avec ma machine diuerses expériences sur ces sortes de tuyaux : et si dans la practique ie rencontre quelque chose dimprevu comme il arrive d'ordinaire, ie ne
manquerai pas d'en faire part au public. Cependant i'espere que
Monsieur Reiselius, daignera faire scauoir si pour cette machine,
i'auroy aussi bien deuiné que pour le Siphon de Wurtemberg : ou
bien s'il y a quelque difference entre mon *Rotatilis*, *Suctor*, et le
sien, i'espere qu'il ne la tiendra pas plus longtems cachée , afin
que le public ayant la cognoissance de l'vn et de l'autre, puisse en
tirer d'autant plus d'vtilité ; et qu'on scache quelle obligation on
deura auoir à chacun.

Icy finit le petit écrit qui a esté publié dans les actes de Lipsik,
et on y peut voir que i'estois alors en peine de trouuer des moiens
pour faire que la pompe de Hesse, pust faire monter l'eau dans des
tuyaux fort hauts : car ie m'estois mal à propos imaginé que des
tuyaux vniformes, comme on en emploie pour faire monter l'eau
pressée par les pompes ordinaires ne pourroient seruir de rien si
on les appliquoit à la Pompe de Hesse. Et ie ne feray pas de difficulté
d'expliquer au long la cause de mon erreur afin qu'on puisse voir
d'autant plus clairement que c'estoit effectiuement vne erreur, et
que pour éleuer l'eau auec cette nouuelle machine, on peut se seruir de tuyaux vniformes tout aussi bien qu'auec les pompes ordinaires. Voicy donc quel estoit mon raisonnement d'alors. La force
de cette machine depend absolument de la vitesse : et elle diffère
des pompes ordinaires en ce que leur pistons peuuent auoir vn mouuement tres violent et pourtant eleuer l'eau à fort grandes hauteurs : mais il est impossible que la pompe de Hesse, eleve l'eau à
quelque hauteur à moins que les ailes qui poussent l'eau n'ayent
vne vitesse proportionnée à la ditte hauteur. Il s'ensuit donc, di-
sois-ie, que si on attache des tuyaux vniformes à la ditte pompe
pour conduire l'eau en haut, l'eau dans ces tuyaux resistant par
son poids aux ailes qui les poussent, deura retarder leur mouuement et ainsi empescher l'effet qu'on desire : car la vitesse des
ailes estant empeschee, il est impossible qu'elles poussent l'eau
bien haut. Ce raissonnement estoit donc la source de mon erreur :
mais il est facile d'y remedier en remarquant vne autre difference
qui se trouue entre la pompe de Hesse et les autres; c'est que dans
les pompes ordinaires on ne sçauroit faire iouer les pistons à moins
que l'eau qu'on pousse dans les tuyaux n'y entre auec la vitesse
proportionnée à celle des dits pistons, et si la résistance de cette
eau est si grande que la force mouuante ne la puisse surmonter,
la machine s'arreste : Mais, tout au contraire, dans la pompe de
Hesse moins on fait entrer d'eau dans les tuyaux montants, et
tant plus il est facile de donner aux ailes vn mouuement prompt :
car la résistance procède de la nouuelle eau qui entre dans le
tambour à laquelle il faut donner du mouuement : Si donc nous
avons tousiours la mesme eau qui tourne dans le dit tambour,
il ne faudra que peu de force pour luy augmenter son mouuement

peu à peu, et ensuitte le luy conseruer en vn certain degré de
vitesse ; et si vne partie de cette eau vient à sortir par le petit
tuyau soudé à la circumference, cette eau montera jusques à la
hauteur proportionnée à sa vitesse : et pour que cela puisse continuer il faudra augmenter la orce deanteoum autant qu'il est nécessaire pour donner le mesme de vitegfurésse à la nouuelle eau
qui entre dans le tambour. Supposons donc que la force mouuante
soit ainsi augmentée on pourra auoir vn iet continuel de la hauteur
proportionnée à vne telle vitesse. Si nous supposons ensuitte
qu'au petit tuyau AD, on en adioute vn autre de mesme capacité et
tout vniforme et qui s'eleue jusques à la mesme hauteur deûe à la
vitesse de l'eau : Il est clair que il ne pourra plus sortir vne si
grande quantité d'eau par le haut de ce tuyau comme il en sortoit
par le tuyau AD, car pour cela il faudroit qu'à la hauteur du
grand tuyau ell'eut encor la vitesse de monter à vne autre hauteur
toute pareille : et ainsi l'effet excéderoit la force qui l'auroit produit : Puis donc, qu'il sortiroit vne moindre quantité d'eau, il
faudroit aussi qu'il en entrast moins dans le tambour, et par conséquent la force mouuante pouroit plus facilement communiquer
de la vitesse à cette nouuelle eau. La ditte force mouuante estant
donc tousiours la mesme et pouuant produire des effets équiva-
lents, elle deura communiquer vn plus grand degré de vitesse
en recompense de ce qu'elle agit sur moins de matière ; et ce
plus grand degré de vitesse deura faire monter l'eau plus haut
qu'auparauant. Et il ne faut pas craindre que l'eau par son poids
retombe du tuyau dans le tambour : Car on sçait que l'eau sortant
auec vne certaine vitesse est capable de faire équilibre avec vne
colomne d'eau de mesme hauteur que celle ou les corps peuvent
monter avec cette mesme vitesse : Puis, donc que l'eau dans le
tambour a vne vitesse suffisante pour faire monter l'eau à plus de
hauteur que n'en a l'eau contenue dans les tuyaux : il s'ensuit que
l'eau du tambour sera tousiours la plus forte et qu'elle chassera
l'eau du tuyau et la fera sortir par en haut.

On voit donc qu'en aiustant des tuyaux vniformes à la pompe de
Hesse, non seulement cela ne diminuera point la hauteur ou elle
fera monter l'eau ; mais au contraire, cela l'augmentera : et ainsi
cette machine si simple peut remedier à plusieurs incommoditez
des pompes ordinaires, et produire bien plus efficacement tous les
bons effets qu'on en peut esperer : Sans qu'il soit besoing pour
cela de trauailler, a de nouuelles figures de tuyaux comme
i'auoue que i'ay fait autres fois.

Depuis que cette machine a esté publiée dans les actes des
sçauants de Lipsik, le celebre Monsieur Reiselius, a mis vn
liure au iour soubs le titre de *Sipho Wurtembergicus per maiora
experimenta firmatus, in vertice effluens*, etc. Et en faueur de
ceux qui n'ont pas encore vû cet ingenieux traitté i'adiouteray icy
qu'on y trouue aussi, en guise de corollaire, la description d'vn
Rotatilis, Suctor et Pressor : non pas de celui dont ce fameux
autheur auoit parlé quelques années auparauant dans son *Sipho*

Wurtembergicus; mais d'vn autre qu'il asseure estre beaucoup plus simple ; et neantmoins cettuy la mesme dont il vante la simplicité est pourtant beaucoup plus composé que la Pompe de Hesse : et en effet Monsieur Reiselius dans des lettres dont il m'a honoré me mande qu'il a fort heureusement mis en prattique la Pompe de Hesse, et il la nomme luy mesme la plus simple de toutes les machines : ie crois donc qu'on peut asseurer que de toutes les machines hydrauliques qu'on a publiées iusques icy, il n'y en a aucune qui, soit pour vtilité soit pour la simplicité, puisse aller du pair avec la Pompe de Hesse.

Lettre,
Touchant de nouveaux moiens d'épargner les aliments du feu.
A SON
EXCELLENCE MONSEIGNEUR

LE COMTE GUSTAVE,

Comte de Seyn, Witgenstein et Honstein.

MONSEIGNEUR,

Il y a longtemps que ie souhaitte auec vne extreme ardeur de pouuoir trouuer moien de tourner au profit du public quelqu'un des grands bienfaits dont vostre Excellence m'a comblé auec ma famille : i'ay donc fait tant d'efforts et medité auec tant d'attache que ie crois enfin, non obstant ma foiblesse, auoir eu le bonheur de decouurir quelque chose dont le public aura obligation à V. E. et Elle par consequent sentira augmenter les plaisirs qu'elle a coutume de gouster en faisant du bien. J'auoue bien que l'invention dont il s'agit n'estoit pas difficile à trouuer : car elle est fondée sur vne observation tout a fait commune : c'est que la fumée est combustible, mais qu'elle monte en l'air auant de pouuoir estre allumée : et ainsi nous sommes priuez de la chaleur et des autres effets que cette grande quantité de matière aurait pu produire si elle se fust bruslée. Mais on m'auouera aussi que plus cette remarque est facile et ordinaire, le remede que ie pretens apporter à cet inconvenient sera d'vne utilité d'autant plus grande et plus frequente ; ie crois donc, Monseigneur, pouuoir prendre la hardiesse de soumettre au jugement tres eclairé de V. E. tout ce que i'ay fait sur cela : vû principalement que ç'ont esté les bienfaits de V. E. qui m'ont excité à mediter sur ces matieres, et qui m'ont mis mieux en estat de faire les despenses du premier essay.

La principale pièce de cette machine c'est la Pompe de Hesse, dont i'auois donné la description pour eleuer l'eau, dans les actes de Lipsik de l'année 1689 ; page 317. Et i'auois en mesme temps remarqué, que ces sortes d'instruments pouuoient aussi seruir à faire de forts bons soufflets : c'est ce que i'ay fait pour l'invention presente, et i'ay emploié la ditte machine non à eleuer de l'eau, mais à faire du vent : et ie l'ay disposée de la manière qu'on la voit fig. 4. ABC, est le tambour, dans quoy tourne l'aissieu garni de quatre ailes comme on là representé fig. 5.

DEFG, est vne ouuerture proche de l'aissieu, pour laisser entrer l'air dans le tambour.

EG, est vne plaque de fer attachée au fonds du tambour, pour soutenir le bout de l'aissieu.

MM, est vne poulie affermie sur l'aissieu : sur cette poulie doibt passer vne corde, qui par le moiev d'vne autre roue beaucoup plus grande, sert à tourner l'aissieu fort viste : de mesme que celà se pratique dans les rouets à filer.

BH, est le canal par ou le vent sort, suivant la direction de la tangente du tambour : par ce moien l'air tournant impetueusement dans le tambour, entre auec toute sa vitesse dans ce canal, suivant la regle du mouuement que Descartes a fort bien demonstrée : et cependant le nouuel air entre librement dans l'ouuerture DEFG.

Depuis que i'ai publié cette invention dans les actes de Lipsik, comme ie l'ay desja dit : i'ay rencontré, dans George Agricola, au liure VI *de remetalica*, vne machine approchante de celle cy : si non que elle a deux grands defauts. Car Agricola fait le tuyau par ou le vent sort, perpendiculaire à la tengente : et ainsi le vent ne scauroit y entrer directement, mais seulement de biais et par reflexion, ce qui diminue sa force par deux raisons : car premierement le trou à la circonférence du tambour est petit, et le vent qui y entre de biais ne remplit pas bien la capacité du tuyau; et, en second lieu, la quantité de vent qui y entre souffre encor, à cause de l'obliquité, vne diminution de vitesse, en raison du costé à la diagonale d'vn quarré. L'autre defaut de la machine d'Agricola, c'est que l'ouuerture, qu'il destine pour receuoir de nouuel air dans le tambour, n'est pas au centre du fonds du tambour, mais à la circonference : et ainsi il n'y a pas de raison, pour quoy l'air doiue entrer ou sortir par vne des ouuertures plustost que par l'autre : mais on voit que nostre machine remedie fort bien à ces deux defauts : car l'ouuerture est si grande à la circonference du tambour, et le tuyau y est appliqué en telle situation, que le vent sortant par ce tuyau, y a tout autant de vitesse qu'il en auroit dans le tambour mesme. Au dessoubs de ce tuyau est posé le fourneau HIL, dont l'ouuerture d'en haut reçoit le vent qui sort du dit tuyau BH, et qui en se dilatant remplit tout le fourneau, en sorte que le feu qui est allumé ne scauroit du tout monter; mais toute la flamme et la fumée sont poussées en bas par la force de ce vent, et elles sortent avec impetuosité par l'ouuerture LN, qui est au bas du fourneau : d'ou il s'ensuit, que les aliments du feu qu'on met par en haut dans le fourneau, doivent se consumer entièrement, parce que les fumées descendant par toute la hauteur du fourneau et y rencontrant vn grand feu, ne scauroient sortir sans que ce feu si violent les dissolve et les consume, et par ce moien nous gagnons toute cette matiere dont i'ay desia parlé; laquelle monte d'ordinaire en l'air sans se bruler.

Or quoy que ce raisonnement ait assez d'euidence pour meriter d'estre cru, i'ay pourtant jugé à propos de le confirmer par quelque experience : pour cet effet ie mis vn jour vn morceau de drap par le haut du fourneau sur le feu : et alors il ne causa presques point de puanteur : mais ayant mis un autre morceau de drap tout pareil à l'ouuerture d'embas du fourneau, il en sortit une puanteur tout à fait grande. Or je ne crois pas qu'on puisse rendre d'autre raison à cette difference, si non que la fumée qui sortoit du drap mis au dessus du feu, passoit par tout le feu contenu dans la hauteur du fourneau ; et ainsi elle se consumoit presque toute, et en se bruslant les sels et les huyles, qui frappent d'ordinaire les nerfs de l'odorat d'vne maniere des agreable, estoient presque tout à fait destruits et changez de nature : mais lors que le drap est exposé au feu qui sort, la plus part de ces substances des agreables s'echappent auant d'estre dissoutes et changées en feu ; et ainsi elles font leur effet ordinaire. l'auoue pourtant, Monseigneur, que l'on sentait aussi quelque mauvaise odeur, quand ie mis le drap par le haut du fourneau : mais il y a apparence que cela venoit de ce que le fourneau n'auoit qu'environ huict pouces de hauteur : en sorte que les fumées, dans vn si petit espace, ne pouuoient se consumer parfaittement : mais il restoit si peu de puanteur, qu'il n'y a pas lieu de douter qu'elle ne s'evanouist absolument si on faisoit le fourneau seulement d'vn pied ou d'vn pied et demi de hauteur.

Il y a desja quelques années, Monseigneur, qu'on fit à Paris une experience de cette nature, par le moïen d'un tuyau recourbé et ouvert des deux bouts : on mettoit le feu dans la jambe la plus courte, et lorsque la jambe la plus longue estoit échauffée, l'air qui estoit dedans se rarefioit de telle sorte que sa légèreté le faisoit monter en haut parce qu'il n'estoit pas capable de contrebalancer l'air qui pesoit sur l'autre jambe ou estoit le feu et ainsi l'air entroit continuellement par la ditte jambe ou estoit le feu, et entrainant avec soi la fumée et la flame, il les faisoit consumer par le feu au trauers duquel ils passoient, et ou pouuoit brusler des corps de fort mauuaise odeur au milieu d'une chambre fermée, sans que l'on s'en sentist incommodé. Mais cet instrument estoit pour la curiosité plus tost que pour l'vtilité : car la chaleur demeuroit enfermée dans toute la longueur du tuyau, et elle ne sortoit que par le haut de la jambe la plus longue : et ainsi elle perdoit en chemin la plus grande partie de sa force, et elle n'auroit pû agir que foiblement sur des corps placez à vne si grande distance du feu. Nostre machine est donc de beaucoup préférable au tuyau dont ie parle, à cause des diverses utilitez considérables que l'on peut en tirer : car icy la chaleur ne sort pas à vne grande distance du fourneau : mais tout proche du feu on voit vne grande flame qui sort auec impétuosité : et on peut luy donner quelle direction on veut, en bas, à costé ou en haut, selon les besoings qu'on en aura, et on

luy donnera le degré de chaleur plus ou moins grand à discretion,
selon qu'on emploiera plus ou moins de force à faire iouer le soufflet : et ces sortes de soufflets peuuent se mettre en mouuement
auec tant de facileté que si on vouloit seulement y employer la
force de quelque petite riuière, il n'y a point de doute qu'ils pourroient pousser en bas la flame des plus grands fourneaux, auec
plus d'impetuosité qu'elle ne monte ordinairement : d'ou V. E. peut
iuger combien on peut en tirer d'vtilitez. Dans les fourneaux ou
l'on cuit le verre, par exemple, il arriue que la flame n'agit pas
immédiatement sur la matière à vitrifier : car les creusets qui
contiennent cette matière reçoivent les premiers l'effort de la flame qui monte en haut : si donc on faisait les fourneaux en sorte
que l'on mist le bois par le haut du fourneau, et que l'on poussast
la flame vers embas par le moien de nos soufflets, on diminueroit
la despense du bois par deux raisons : car premièrement, comme
i'ay desia dit, toute la fumée s'enflameroit et en bruslant elle augmenteroit de beaucoup la chaleur; et secondement la flame en descendant frapperoit immediatement la matière à vitrifier et ainsi
elle la cuiroit beaucoup plus promptement.

Mais peut-estre que bien des gens douteront que cette invention pust donner aucun aduantage, par la première raison que ie
viens d'alléguer, car il semble que dans les verreries la hauteur
du feu est si grande, qu'il est impossible que les fumées puissent
monter iusques au haut sans se consumer plus parfaitement que
dans les petits fourneaux, ou l'on a iusques à présent fait les expériences de pousser la flame en bas : ie crois donc, Monseigneur,
qu'il ne sera pas mal à propos d'éclaircir ce doute : tant à fin de
mieux faire voir les aduantages de nos machines, que parce que
cela donnera occasion de dire sur la nature du feu des choses considérables, qui ne sont peut estre encor cognues que de peu de
lecteurs.

Ie diray donc, Monseigneur, que pour consumer les matières
combustibles, il ne suffit pas de les mettre au feu et de les échauffer tant qu'on peut; mais il est nécessaire qu'elles puissent estre
touchées par vn air qui ne soit pas encor usé ni gasté; selon la
découverte du très subtil anglois monsieur Robert Hook : car le
feu ordinaire n'est rien autre chose que vne dissolution de certains
corps, lorsqu'ils sont échauffez; et pour cette dissolution, c'est
l'air qui sert de dissoluant; mais s'il n'est pas pur ou qu'il soit vsé,
non seulement il n'allume point le feu, mais au contraire il
l'éteint; de mesme que l'eau forte, apres auoir dissout tout ce
qu'elle peut d'écaillés d'huistres, non seulement elle n'est plus
propre à faire de nouvelles dissolutions, mais mesme si on la mesle
auec d'autre eau forte, elle émousse extremement sa force disso-
luante. Cette doctrine se confirme par diuerses expériences :
car, si on jette vne mèche allumée dans un verre plein
d'air impur ou vsé, ce feu s'éteint incontinent, de mesme
que si on l'enfonçait dans l'eau. Que si on enferme dans
un tuyau de verre vn charbou, cilindrique et qu'en ayant

tiré l'air on sçelle ce tuyau de verre hermétiquement, on peut tenir ce charbon pendant plusieurs heures, au milieu d'vn feu si grand, que le verre mesme du tuyau se ramollit et commence à se fondre : et neantmoins, apres auoir laissé eteindre le feu et refroidir le tuyau, on ne trouve point qu'il s'y soit fait aucune diminution de poids et le charbon paroist absolument de mesme qu'auparauant. Mais dans le temps que le charbon et le tuyau de verre sont echauffez iusques à estre fort rouges, si on vient à casser le bout du tuyau de verre pour y laisser entrer l'air exterieur, alors on voit que le charbon se dissout en vn instant et se reduit en cendre. Ie pourrois adiouter d'autres experiences pour le mesme but ; mais ie crois que cecy suffira pour faire voir la force de l'air à dissoudre les corps : et que sans l'aide d'vn air pur et non vsé, les aliments du feu ne se consument point. Cela estant ainsi posé, il est aisé de conclurre que dans les fourneaux des verreries, les parties interieures du feu vers le centre du fourneau ne sçauroient se dissoudre parfaittement faute d'air pur ; car les parties du feu qui sont vers la circonference, gastent et vsent l'air auant qu'il puisse penetrer iusques au dedans : on peut encor adiouter à cela qu'il y a des matieres de telle nature que elles ne peuuent s'allumer que par des charbons et non pas par la flame, comme on l'experimente dans le salpetre, qui estant mis dans la flame se fond à la verité mais ne s'allume pas ; mais si on le met sur du charbon allumé, il fulmine incontinent et se dissipe en l'air. Comme donc dans les fourneaux ordinaires les parties qui s'exhalent du bois, sont vers la flame et non pas vers les charbons il doibt arriver nécessairement que les substances qui dans la fumée, se trouuent de nature à ne s'allumer que par l'attouchement des charbons, ces substances, dis-ie, doivent s'enuoler sans se brusler, et ainsi nous perdons la grande force quelles auroient en bruslant. Mais si on auoit un fourneau fait en sorte que l'air y fust poussé au trauers du feu, en telle quantité qu'il ne pust pas se gaster tout, mais qu'il y en eust tousiours plusieurs parties qui penetrassent iusques au fonds, auant d'estre vsées : et que de plus les fumées du bois fussent directement poussées vers les charbons allumez, et que les charbons fussent entassez à une hauteur considérable, alors il n'y auroit point de doute, que les aliments du feu ne se consumassent beaucoup plus parfaitement, et ne fissent beaucoup plus d'effet qu'ils ne font d'ordinaire. En effet, on voit tousiours sortir vne fumée noire et épaisse des fourneaux faits à la manière ordinaire ; ce qui n'arrive pas aux fourneaux ou la fumée est poussée au trauers des charbons ardents.

Je puis encore adiouter une troisième observation, qui fera encore mieux cognoistre combien cette nouuelle invention peut epargner le bois : c'est que il faudra resister à vne moindre quantité d'air froid : car il est certain que pendant tout le temps que la vitrification se fait, il y a continuellement de nouuel air qui se meut au dehors du fourneau et le refroidit : de sorte que la force du feu ne s'emploie pas seulement à vitrifier la matière, mais aussi à

vaincre ce refroidissement continuel, qui vient de la part de l'air.
l'ay d'autres fois remarqué vn effet bien sensible de ce refroidissement : c'est que quatre onces de charbon pouuoient mieux ra-
mollir des os, que ne faisoient douze onces du mesme charbon,
et cela ne venoit que de ce que i'allumois promptement les
quatre onces, et ie poussois le feu en soufflant : mais pour
ce qui est des douze onces, ie ne les allumois que peu à peu.
et lentement, en sorte que ie n'auois qu'vn petit feu qui duroit
fort longtemps : et ainsi, durant ce temps si long, le vaisseau
ou les os se cuisoient, souffroit tant de refroidissement de la
part de l'air, que presques toute la force du feu s'emploioit à vaincre cette résistance : mais lorsque l'opération se fait promptement, il n'y a gueres que la matiere à cuire qui reçoit la force du
feu : de mesme donc aussi dans la vitrification, lorsqu'on la fera.
auec promptitude, nous aurons non seulement les aduantages
dont i'ay desià parlé, mais encor nous gagnerons le feu qui seroit
necessaire pour vaincre le refroidissement, qui seroit inevitable
si l'operation duroit plus longtemps. l'espere, Monseigneur, que
V. E. me pardonnera si i'ay esté un peu long sur cette matiere :
puisque cela seruira aux lecteurs, à pouuoir mieux iuger combien
d'utilitez ils pourront tirer de cette invention selon les differentes
occasions qu'ils auront de s'en seruir.

l'espere mesme qu'on ne sera pas faché que i'adioute encor icy
vne maniere de faire le verre à meilleur marché qu'à l'ordinaire
sans qu'il soit besoin de bastir de nouueaux fourneaux : car il ne
faudra que passer dans la cheminée des anciens fourneaux vn
canal ouuert des deux bouts, et qui d'vn bout touche presque la
matière qui est dans le creuset à vitrifier ; et de l'autre bout paroisse au haut de la cheminée : qu'on attache ensuite au bout
d'en haut de ce canal le tuyau par où sort le vent de nostre machine : il est infaillible que le vent, passant par ce canal touiours
rouge dans le grand feu du fourneau, deura acquerir vne tres
grande force pour brusler : et principalement si l'on fait ce canal
coudé en divers endroits, comme on voit fig. 8, car le vent demeurant plus longtemps dans tous ces tours et retours, y ac-
querra vn degré de chaleur d'autant plus violent, et en suite frap-
pant immédiatement sur la matiere à vitrifier, ne contribuera pas
peu à en auancer la fusion. On pourra, sur ce mesme principe faciliter la fusion des metaux et des minieres les plus dures.

Je crois que cette invention pourra aussi estre fort utile pour
cuire le pain : tant en épargnant le bois, qu'en cuisant le pain
plus parfaittement : car, comme cette machine consume la fumée
et destruit les qualitez nuisibles, on peut mettre le feu dans le
four mesme après que la paste y est enfermée ; si par exemple,
on faisait un four en long tel que la fig. 6 le represente, et que le
feu du fourneau AB fust poussé par le conduit BD, iusques à l'extremité D, et que là il fust reflechi par la muraille du four, qui le
ferait se respandre dans toute la cavité, ou il ne trouuerait aucune
sortie sinon proche du fourneau AB, il arriveroit que la paste es-

tant mise des deux costez du canal suivant sa longueur, elle se cuirait en mesme temps que le four se chaufferoit; & il y auroit deux causes qui la feroient cuire; sçavoir le canal BD, qui reçoit immédiatement le feu du fourneau; et l'air chauffé qui sortant de l'ouuerture D se répand dans toute l'étendue du four : or parce que le canal est plus chaud proche du fourneau vers B, qu'à l'autre bout vers D, et qu'au contraire l'air échauffé en retournant vers B, a perdu plus de sa chaleur que lors qu'il sort à l'extrémité D : il s'ensuit que la cuisson se fera à peu pres egalement dans toutes les parties du four : car dans les endroits ou l'vne des causes est plus forte, l'autre en recompense est plus foible. Or il ne sera besoing que de la moitié de la chaleur : car quand le four sera seulement la moitié moins chaud que l'on ne chauffe les fours ordinaires, on pourra fermer toutes les ouuertures, afin d'esteindre promptement le feu : puisque les pains estant desià demicuits, ce degré de chaleur qui sera la moitié de l'ordinaire suffira pour acheuer la cuisson. Mais on tirera encor de là vn autre aduantage, c'est que le pain s'echauffera peu à peu et la chaleur aura le loisir de penetrer au dedans : et ainsi toutes les parties tant interieures qu'extérieures se trouueront presques également cuittes : au lieu que, de la manière ordinaire, la paste estant mise d'abord dans vn four tres chand, se seiche incontinent et sendurcit à la superficie auant que la chaleur puisse penetrer au dedans : d'ou il arriue que la crouste se cuit trop et la mie ne se cuit pas assez : il sera donc beaucoup meilleur d'augmenter la chaleur, lentement, comme i'ay dit, afin que la cuisson se fasse plus egale.

Cette invention sera aussi fort utile pour les fontaines salées ou le sel se fait par euaporation à la chaleur du feu : car si par exemple, dans la chaudière ABCD, fig. 7, on met le fourneau EF et qu'on luy aiuste le tuyau recourbé FGH en sorte que l'eau ne puisse y entrer : il arriuera que le feu du fourneau EF, estant poussé par toute la longueur du tuyau FGH, echauffera beaucoup l'eau qui l'enuironne de tous costez; mais principalement si l'on fait plusieurs courbures au tuyau afin d'augmenter sa longueur, et que l'on fasse en sorte que le vent chaud qui sortira par l'ouuerture H, aille frapper obliquement la superficie de l'eau : ce qui seruira non seulement à echauffer l'eau; mais encor à emporter quantité de vapeurs. Il est indubitable qu'on epargneroit vne grande partie du bois qu'on depense ordinairement pour faire l'euaporation : et c'est là ce qui est la plus grande consequence pour faire le sel.

I'ay donc cru deuoir confirmer cette Theorie par quelques experiences et pour cet effet i'ay preparé vn fourneau et des tuyaux de ferblanc et les ayant affermis au fond d'un cuuier de bois i'ay versé dessus 144 liures d'eau : I'ai ensuite allumé le feu dans le fourneau et auec la machine i'ay poussé le feu dans toute la longueur des tuyaux qui estoient enfoncez dans l'eau : mais comme le cuuier estoit petit il ne pouuait y tenir vne grande longueur de tuyaux, et ainsi

il se perdoit beaucoup de chaleur : car l'air qui sortoit par l'ouuerture H, estoit encore si chaud qu'il pouuoit fondre l'estain : et neantmoins par plusieurs experiences reiterées i'ay tousiours trouué
qu'il ne faut que quatre liures de bois et deux liures de charbon
pour faire bouillir à gros bouillons toute cette quantité d'eau : mais
que en mettant seulement la sixiesme partie dans un chaudron de
cuiure, ie ne pouuois la faire bien bouillir auec six liures de bois
quoy que ie prisse le plus de soing que ie pouuois pour emploier
ce bois de la maniere la plus efficace pour bien echauffer l'eau : i'ay
donc vû par ce moien que, pour echauffer l'eau dans des vaisseaux
mediocres, on pourroit par le moien de nostre machine epargner
cinq sixiemes parties du bois que l'on consume par la manière ordinaire : mais dans des vaisseaux plus grands le gain seroit encor
plus considerable : à cause de la longueur des tuyaux qui retien-
draient le feu plus long temps soubs l'eau.

Son Altesse Serenissime Nostre Prince, suiuant ses genereuses
inclinations à contribuer à l'vtilité publique, a daigné prononcer
que c'estoit encor là vne chose qui meritoit d'estre confirmée par
experience : et, par son ordre, la chose a esté executée en grand
à Cassel dans vne grande chaudiere à brasser la bierre dont la
longueur est de huict pieds et la largeur de cinq : on aiusta donc
dans cette chaudiere vn fourneau auec vn canal recourbé quatre
fois, en sorte que par le moien de ces courbures la longueur de
ce canal soubs l'eau estoit de vingt et quatre pieds, et son ouuerture estoit vn quarré dont le costé estoit de dix pouces, auec ce
grand instrument on fit vne premiere experience en presence de
Mr. de Haes, Secretaire de S. A. S. l'assistay aussi à cette experience et elle reussit, si bien qu'auant d'auoir consumé seulement
sept ou huict liures de bois, toute cette grande quantité d'eau fu-
moit desia partout, et en plusieurs endroits elle auait acquis vn
degré de chaleur assez considerable. Il arriua à la vérité que
quelques accidents imprevus, comme il arriue d'ordinaire dans les
premieres experiences, empescherent que l'experience ne fust
conduite aussi loing qu'on auroit bien souhaitté : mais neantmoins
ce commencement d'experience fit assez voir que cette invention
non seulement reussira aussi bien en grand qu'en petit; mais
que mesme les advantages qu'on en tirera en grand, seront plus
considerables à proportion que ceux qu'on en tirera en petit.

On pourra de mesme maniere echauffer les poesles à fort peu
de frais : mais, comme pour cela il seroit necessaire que les tuyaux
recourbez par ou passeroit le feu demeurassent en l'air sans estre
enuironnez d'eau pour les guarentir, la soudure d'estain ne pourroit alors resister à la chaleur, et ainsi, pour de tels vsages il faudroit que ces tuyaux fussent de fer fondu ou de terre à potier,
i'ay representé vn modele de ces tuyaux, fig. 8, ou l'on voit que
dans les interstices, il y auroit lieu de pratiquer diuerses niches,
pour faire des digestions et evaporations, et pour d'autres vsages
de cette matiere.

Pour ce qui est des vtilitez qu'on pourrait tirer de cette inuen-

tion pour la fonte et la purification des minieres d'or et d'argent,
ie sçay, Monseigneur, qu'il n'y a personne au monde qui puisse
mieux en iuger que V. E. puisqu'elle a bien des fois daigné ob-
seruer les progrès de ces opérations et emploier la penetration de
son esprit pour les perfectionner. Il me semble bien à la verité
que, si dans le temps de la fonte on repoussoit contre la masse
métallique les fumées qui sont impregnées de ces riches metaux,
il y a lieu de croire que les particules d'or et d'argent pourroient
facilement, à cause de la conformité de leur nature, s'attacher à la
masse : et qu'ainsi on pourroit d'vne mesme quantité de miniere
tirer vne plus grande quantité de métal que l'on ne fait ordinairement. Or, pour cela il ne faudroit qu'auoir de nos soufflets qui
eussent la force de repousser en bas la flame et la fumée contre la
masse métallique, et ainsi luy r'attacher les parties pures qui autrement s'enuoloient. Mais, Monseigneur, comme i'ay desià dit,
c'est à V. E. et non pas à moy à prononcer sur cela : et ie doibs me
tenir trop glorieux si ie puis seulement par mes foibles efforts
donner occasion à V. E. de méditer vn peu sur cette matiere, car
il n'y a point lieu de douter qu'elle ne voie en fort peu de temps
tout ce qu'il y a de fort et de faible, et qu'elle ne découre tous
les autres vsages qu'on peut tirer de cette inuention, et qui ne me
sont pas venus dans l'esprit. Ie me flatte donc de cette esperance
et ie demeure auec vn tres profond respect

    Monseigneur
        de vostre Excellence
            le tres humble et tres obeissant
              seruiteur.

Letre.

Touchant quelques nouuelles inuentions pour tirer l'eau des mines,
par la force de quelque riuiere medriocrement eloignée.

A SON

EXCELLENCE MONSEIGNEUR

LE COMTE

GUILLAUME MAURICE,

Comte de Solms, Braunsfels et Greffenstein, Seigneur de
Munzenberg, Wildenfels et Sonnenwald.

MONSEIGNEUR,

Ie rends à Vostre Excellence les tres humbles graces que ie
luy doibs, pour l'honneur qu'elle m'a fait de me consulter sur les
moiens de tirer l'eau de sa mine, qui pourroit fournir de très

grandes richesses n'estoit l'incommodité de l'eau, et de ce qu'elle a mesme daigné me commander de l'accompagner sur les lieux, et me marquer avec son jugement tres éclairé toutes les circonstances qui méritent d'être obseruées. Je me tiens aussi tres glorieux de ce que V. E. a daigné approuuer vne machine propre pour ces vsages, que i'auois fait imprimer il y a quelques années, et que l'on auroit desià executée par vostre ordre, sans quelques obstacles qui se sont rencontrez et qui ont fait differer iusques icy. Et en effet ie ne doute point que la riuiere estant si peu eloignée qu'ell'est de l'ouuerture de la mine, l'inuention dont ie parle ne pust s'y appliquer heureusement et à peu de frais : mais neantmoins, comme S. A. S. Monseigneur le landgrave m'a depuis peu fait l'honneur de m'occuper à quelques machines qui m'ont fait venir dans l'esprit vne nouuelle maniere fort commode pour produire le mesme effet, ie prends la hardiesse, Monseigneur d'exposer l'une et l'autre inuention non-seulement aux yeux tres eclairés de V. E., mais encore à ceux de tous les sçauants afin que chacun puisse les confronter l'vne auec l'autre, et dans les occasions employer l'vne ou l'autre selon qu'on le jugera plus aduantageux. Ie vais donc premierement repeter icy la description de cette première machine, qui fut imprimée dans les actes de Lipsik, an 1688, pag. 644.

VSAGE DES GROS TUYAUX POUR TRANSPORTER FORT LOIN LA FORCE MOUUANTE DES RIVIÈRES.

Ie promis dans les actes de Lipsik, du mois de septembre 1688, de publier quelques vsages qu'on pourroit tirer des gros tuyaux legers et bien cgaux d'un bout à l'autre, sans qu'il fust besoing d'emploier la poudre à canon pour les vuider d'air, ie tâcheray presentement de m'acquitter de cette promesse en donnant la description d'vne machine composée principalement de gros tuyaux de cette sorte ; et qui, si ie ne me trompe, peut seruir beaucoup plus commodement que toutes celles qu'on a inventées jusques icy pour transporter la force des riuieres dans des lieux fort éloignez, pour y tirer l'eau des mines et y faire d'autres ouurages qui requierent beaucoup de peine et de trauail.

Qu'on fasse vne grande roue comme AA, fig. 9, et qu'on la place à l'ouuerture de la mine : en telle sorte que la corde BBBB, passant sur la ditte roue fasse monter et descendre l'vn après l'autre deux seaux, dont l'vn est icy marqué C, et qui estants attachez aux deux bouts de la ditte corde, doiuent nécessairement auoir tousiours des mouuements opposez, l'vn en haut et l'autre en bas. Par le centre de la roue AA, doibt passer l'aissieu DDD, et y estre bien affermie : et sur cet aissieu doiuent passer deux cordes EEE, FFF, de telle maniere que les deux pistons GH, attachez au bas de ces cordes ne puissent aussi monter ni descendre que l'vn après l'autre, et que quand l'un descend l'autre doiue necessaire-

ment monter. Il faut concevoir ces pistons exactement aiustez aux tuyaux HLL : ainsi il est manifeste que si par le tuyau MM, par exemple on tire l'air du tuyau LL, il faudra que le piston G soit pressé en bas avec beaucoup de force par l'air extérieur qui pèse dessus : et qu'ainsi il fasse tourner l'aissieu et la roue AA, par le moien de la corde FF : ce qui fera monter le piston H, et le seau C, qu'on pourra vuider de l'eau ou des autres matières qu'il aura apportées du fonds de la mine : et comme il se trouvera que le piston H sera en même temps parvenu au haut du tuyau II, on pourra incontinent tirer l'air du dit tuyau H, par le tuyau NN, et ainsi le piston H, à son tour poussé en bas fera monter le piston opposé G, avec le seau attaché à l'autre bout de la corde BBB, et les matières dont il sera rempli. Il faut seulement auoir soing que l'air exterieur ayt l'entrée libre au-dessous du piston qui monte ; car autrement le piston opposé ne pourroit le tirer en haut : mais moiennant que cela se fasse et qu'on continue de tirer ainsi l'air de dessoubs les pistons l'vn apres l'autre, il est certain que l'on pourra venir à bout de ce qu'on pretend. Il ne me reste donc que de faire voir comment vne riuiere fort eloignée pourra tirer l'air de dessoubs les pistons.

Qu'on fasse deux pompes OO,OO, dont les pistons VV doiuent monter et descendre l'vn apres l'autre, quand on fait tourner l'aissieu PPPP, et que sur cet aissieu soit affermie la roüe QQ, qui doibt estre mise en mouuement par le courant de quelque riuiere : il est manifeste que si les pompes OO,OO, avec leur pistons sont garnies de soupapes de mesme que les pompes aspirantes le sont d'ordinaire elles devront necessairement tirer continuellement l'air par le tuyau RRRR, et le robinet SS. Or il est facile de faire le dit robinet SS, en telle sorte qu'en tournant la clef comme il faut, l'on fera deux effets en même temps : l'vn sera d'ouurir l'entrée à l'air exterieur, au dessoubs du piston qui doibt descendre ; l'autre sera de faire que la communication avec le tuyau RRR, soit ouuerte au dessoubs du piston qui doibt descendre, et qu'elle soit fermée au dessoubs du piston qui doibt monter : ainsi donc on viendra facilement à bout de faire que lorsque le piston G, par exemple, est prest à descendre du haut du tuyau LL, l'air exterieur n'aura point d'entrée au dessoubs de ce piston, mais il y aura vne communication libre par le tuyau MM, et le robinet SS, iusques au tuyau RR ; mais qu'au contraire au dessoubs du piston H, l'air exterieur entrera librement et la communication avec le tuyau RR, sera absolument fermée. Mais quand ce sera le piston H, qui deura descendre, on pourra, en retournant la clef du robinet, faire que les trous qui auparauant estoient ouuerts, se trouueront fermez, et qu'au contraire ceux qui estoient fermez se trouueront ouuerts : et qu'ainsi nous produirons l'effet pretendu.

On pourroit trouver quelque manière de faire que la machine elle mesme tournast le robinet dans le temps qu'il faudroit ; mais ie crois qu'il vaudroit mieux auoir vn homme qui eust soing de faire cela, et de vuider les seaux à qu'ils arriueroient à mesurer l'ouuerture de la mine.

Lorsque ie montray cette machine l'année derniere dans l'illustre Société de Londres, on apporta à l'encontre certaines difficultez qui me donneront occasion d'examiner quelle grandeur de parties seroit necessaire pour produire vn certain effet : et, par vn calcul fondé sur l'experience, ie trouuay que s'il falloit eleuer par heure deux mille liures à cinq cents pieds de haut, et que la mine fust éloignée de la riuiere d'vne distance de deux lieues ou vingt mille pieds, il suffiroit que les tuyaux II,LL, eussent vn pied de diametre et quatre pieds de hauteur : et il ne seroit pas besoing que le diametre du petit tuyau RRRR, fust de plus d'un demi pouce de diametre, et comme ce tuyau ne seroit pressé que du dehors vers le dedans, et que la figure convexe resiste extremement à cette sorte de pression, on pourroit faire ce tuyau de plomb fort mince : en sorte que toute cette longueur de deux lieues ne couteroit pas plus de deux cents écus en Angleterre : car nous auons eprouué, qu'vne assez grande longueur de tuyau fait suivant cette proportion, resistoit fort bien à la pesanteur de l'atmosphære apres qu'on l'auoit vuidé d'air : et comme cette pression exterieure resserre les parties du metal et les fortifie plustot que de les deschirer, il n'y auroit aucun danger de rupture : et le tuyau demeurant immobile ne s'useroit point en seruant : il est donc constant qu'on peut faire ces sortes de machines à peu de frais et peu suiettes à reparation, et de tres longue durée; et qu'on pourroit les accomoder dans toutes sortes de lieux quelques tortus et montagneux qu'ils fussent, et que de plus elle n'embarrasseroit point du tout les grands chemins. A la verité il faut auoüer que les pistons des pompes OO,OO, qui sont proche de la riuiere, deuroient surmonter vn plus grand poids, que celui qui deuroit estre souleué par les pistons G,H, proche de la mine : et qu'ainsi on perdroit quelque partie de la force mouuante : mais neantmoins il vaut bien mieux profiter de la plus grande partie de cette force que de la laisser toute perdre : vû principalement que dans la plus part des riuieres on a touiours de la force de reste : et la perte de force qui se fait en se seruant de nostre machine, ne doit pas la faire reietter; à moins qu'on puisse donner quelqu'autre inuention par le moien de laquelle on puisse auoir les mesmes aduantages auec moins de perte de la force mouuante; or c'est là ce qu'on n'a pas fait iusques icy : car i'ay examiné la machine hydrolique qui est au pont de Londres : et, sur la résistance que les pistons ont à vaincre et la grosseur des chaisnes par l'entremise des quelles lesdits pistons reçoiuent leur mouuement, i'ay fondé mon calcul et i'ay trouué que, s'il y auait beaucoup de résistance entre les pompes et la roue que la riviere fait tourner, la force mouuante se diminueroit beaucoup plus en la transportant par l'entremise des chaisnes de cette sorte; que en se seruant de l'invention que ie viens de décrire. Ie pourrois confirmer la possibilité de cette machine et en mesme temps l'vtilité des gros tuyaux, en

communiquant vn nouueau pressoir qui fait son effet par le poids
de l'atmosphære, et dont ie me suis fort aduantageusement serui
en Angleterre, mais ie crains de me rendre ennuyeux et ie reser-
ueray à une autre fois de donner la description de ce pressoir. *Icy
finissent les actes de Lipsik.*

Il n'est pas besoing, Monseigneur, que ie mette ici la description
du pressoir marqué cy dessus, parce que i'ay fait ici à Marbourg
vne autre experience qui est encor bien plus convainquante pour
l'affaire dont il s'agit : ceux donc qui auront la curiosité de voir ce
pressoir n'ont qu'à consulter les actes de Lipsik. an 1689, pag. 96,
mais ie rapporteray icy succintement l'autre experience que i'ay
faite à desseing pour le suiet dont il s'agit. l'ay affermi une pompe
comme LL fig. 9. soubs vn aissieu comme DD, et la corde attachée
au piston G, passoit par dessus le dit aissieu et luy estoit si bien attachée que le piston ne pouuoit descendre au fond de la pompe sans
faire tourner l'aissieu et par consequent clever le poids C, attaché de l'autre costé : alors ie faisois iouer le piston d'vne petite
pompe, comme OO, qui auoit communication auec la pompe LL,
par le moien d'vn tuyau comme RRRNN : ainsi donc ie tirois l'air du
bas de la pompe LL, et le piston G, estant poussé par en bas l'air du
dessus, faisoit tourner l'aissieu et eleuoit le poids C. Or, quoique
le tuyau de communication RRR fust fait de plusieurs pieces : les
vnes de bois, les autres de terre, les autres de metal, et que tout
cela fust trauaillé fort grossierement, neantmoins cela faisoit fort
bien son effet : D'ou il paroist que dans ces pais icy, ou le plomb
est plus cher qu'en Angleterre, nous pourrons faire les tuyaux de
communication de bois ou de terre et ainsi les auoir encor à meilleur marché que ne seroient ceux de plomb en Angleterre : on
pourroit mesme leur donner vn plus grand diametre, et ainsi l'air
y passera plus facilement et il se perdra moins de force. On trou-
uera bien aussi des manieres faciles pour faire à bon marché de
grosses pompes de bois ou de terre : et ainsi toute la machine se
fera sans grande difficulté.

J'adiouteray pourtant encor icy vne autre maniere pour faire le
mesme effet peut estre beaucoup plus commodement que par la
machine que ie viens de décrire. Il faudra pour cet effet se seruir
du soufflet de Hesse qui a esté decrit et representé par la fig. 4.
car supposant qu'on le dispose en telle sorte qu'il reçoiue son
mouuement du courant de quelque riuiere, il est certain que les
ailes enfermées dans le tambour augmenteront tousiours leur vitesse de plus en plus iusques à ce qu'elles donnent à l'air quelles
rencontrent autant de force qu'elles en reçoiuent de la riuiere qui
les met en mouuement : pourvû que les dittes ailes ayent vne
estendue proportionnée à la force qu'elles doiuent donner. Si donc
le vent sortant du tambour auec toute cette vitesse, entre dans des
canaux souterrains qui le conduisent iusques à l'ouuerture de la
mine ou il y ayt vne roue garnie de toiles il pourra y faire tourner
cette roue presque auec la mesme force de celle que la riuiere fait
tourner : car on sçait que les corps en mouuement peuuent frapper

d'autres corps en telle sorte qu'ils leur communiquent toute leur force, soit mediatement soit immediatement.

Or vne roue estant ainsi tournée auec grande force à l'ouuerture de la mine pourra estre emploiée à en tirer l'eau par le moien de quelq'une des machines qu'on a inuentées iusques icy pour cet effet, et qui sont trop connuës pour s'arrester à les decrire.

Ie finirois icy, Monseigneur, si ie n'ecriuois cecy que pour Vostre Excellence : car il n'y a point de doute qu'ayant autant de penetration que Vous en auez, Vous discernez desia assez tout ce qu'il y a d'aduantageux ou de desauantageux dans chacune de ces manieres : mais Monseigneur, ie sçay que V. E. a aussi la Generosité de vouloir faire part au public de ce qui luy peut estre vtile, et ainsi ie crois que, en faueur des Lecteurs qui sont moins clairvoiants dans ces matieres, il sera à propos que ie remarque icy en peu de mots : qu'à la verité dans cette seconde methode il seroit necessaire de faire les canaux souterrains beaucoup plus grands que pour la premiere machine : mais cette incommodité seroit en quelque façon recompensée, en ce que ces grands canaux n'ont pas besoing de tant d'exactitude que les petits tuyaux de la premiere machine : car pourvû qu'on creuse ces grands canaux dans la terre mesme, et qu'on en affermisse les costez de quelques pieces de bois pour empescher la terre de tomber, et quensuitte on les couure et qu'on les munisse par dessus selon que la necessité le requerra; on n'aura point besoing de chercher d'artisants pour faire des tuyaux de bois, de terre ou de quelque autre matière, et pour les joindre ensuitte bout à bout et les guarantir de l'air exterieur, qui fait effort pour y entrer, car ces grands conduits creusez dans la terre seruiront fort bien à conduire le vent : il sera pourtant à propos de faire ces conduits de brique et de les vouter dans les lieux qui sont exposez au passage des chevaux et des chariots; mais dans tout le reste de la longueur on pourroit les faire à fort peu de frais, et on epargneroit toute la peine qu'il faut prendre dans la premiere machine pour empescher l'air de s'y insinuer. Cette nouuelle inuention auroit encor des auantages considerables en ce qu'on n'auroit point besoing de ces quatre grosses pompes ll, LL, OO, OO, qu'on ne sçauroit faire iouer sans vn grand frottement de parties : on epargneroit aussi le robinet SS, dont la construction et l'vsage ne seroient pas aussi sans difficulté et trauail : Et vn seul soufflet de Hesse tiendroit lieu de tout cela, et suffiroit pour produire à l'ouuerture de la mine la force dont on auroit besoing : or vn tel soufflet est facile à faire et fort peu suiet à reparation; si bien que ie crois qu'on peut conclurre, que cette seconde machine se peut executer et mettre en vsage auec moins de peine et de despense que la premiere.

Neantmoins, Monseigneur, si Vostre Excellence en iuge autrement à cause de quelques remarques que ie n'aye pas esté capable de faire ie seray tousiours prest de me corriger, et ie m'estimeray glorieux si ie puis rendre quelque seruice à V. E. pour faire

executer ces inuentions ou telle autre qu'il luy plairra. Ie suis
auec vn tres profond respect,

Monseigneur, etc.

———

Lettre,

*Touchant la maniere de tirer l'eau des mines avec peu de
peine quand mesme les rivieres sont trop eloignées pour
y servir.*

A SON
EXCELLENCE MONSEIGNEUR
LE COMTE

de SINTZENDORFF,

Monseigneur,

I'ay ressenti avec vne profonde soumission l'honneur que m'a
fait Vostre Excellence de daigner m'ecrire de Boheme pour m'in-
viter d'aller à ses frais visiter vne mine qui demeure inutile à caùse
de la quantité d'eaux souterraines : me promettant mesme des re-
compenses considerables si je pouvois remedier à cet inconvenient. I'aurois beaucoup de Joie, Monseigneur, de faire ce voïage
avec la permission de S. A. S. mon maistre, et je souhaitterois extremement de temoigner à Vostre Excellence l'ardeur de mon Zele
à luy rendre mes tres humbles services, n'estoit que les pais que
nous voions ruinez dans nostre voisinage, et l'incertitude des eve-
nements de la guerre, m'avertissent que ie ne doibs pas abandon-
ner ma famille de si loing dans un temps comme celuy cy. Neantmoins, Monseigneur, le desir de donner au moins à Vostre Excellence quelque marque de ma profonde devotion, m'a fait mediter
tres attentivement sur ce que V. E. m'a daigné ecrire des circonstances des lieux, et sur ce que j'en ay aussi appris par les lettres
du fameux Monsieur le Docteur Ernest Sigismund Grassius : et,
tout bien considéré, je prens la hardiesse de communiquer, non
seulement à V. E. mais encor à toute l'Europe, le fruit de mes
meditations, afin que V. E. par la penetration de son discernement, et par les jugements que les scavants pourront rendre, puisse
plus seurement prononcer si j'ay rencontré heureusement; ou bien
ce qu'il y aura à changer, retrancher ou adjouter à mes pensées.
Je supplie donc tres humblement V. E. de daigner recevoir en
bonne part ces foibles efforts de mon Zele respectueux.

Je ne doute pas, Monseigneur, qu'on ne pust fort bien assecher
la mine de V. E. par le moien de l'une ou l'autre des machines qui ont esté decrittes dans la Lettre à S. E. Monseigneur le
Comte de Solms : mais comme la mine de V. E. est beaucoup plus

eloignée des rivieres il faut advouer qu'il faudroit beaucoup plus
de travail et de despense pour y appliquer ces sortes de machines,
que pour la mine de Greiffenstein : et de plus il y aurait bien plus
de danger que les tuyaux de communication estants si longs ne
p'ussent estre gastez par la malice de quelques envieux ou par
d'autres accidents. Cela m'a obligé d'essaier de perfectionner vne
invention que ie crois devoir estre fort advantageuse pour ces sortes de travaux, et dont j'ay donné la description dans les Actes de
Lipsik An. 1690. au mois d'Aoust : mais que je repeteray pourtant encor icy afin que V. E. puisse d'autant plus commodément
juger tant de l'invention mesme, que des changements qu'on y
doibt apporter.

NOUVELLE MANIÈRE DE PRODUIRE A PEU DE FRAIS DES FORCES MOUVANTES EXTREMEMENT GRANDES.

Dans la machine pour le nouvel vsage de la poudre à canon qui
a esté decritte dans les Actes de l'année 1688. au mois de Septembre : on souhaittoit principalement que la poudre à canon allumée
au bas du tuyau AA. fig. 10. pust si bien remplir de flame toute la
cavité dudit tuyau que l'air pust en estre entierement chassé et
qu'il se fist vn vuide parfait au dessous du piston BB. mais on a
remarqué. au mesme endroit, qu'il a esté impossible de venir à
bout de ce desseing : car non obstant toutes les précautions qu'on
y a obseruées il est tousiours demeuré dans le tuyau environ la
cinquiesme partie de l'air qu'il contient d'ordinaire : ce qui cause
deux differents inconvenients : l'un est que l'on perd environ la
moitié de la force qu'on devroit avoir en sorte que l'on ne pouvoit
elever que 150 livres à vn pied de haut, au lieu de 300 livres qu'on
auroit deub elever si le tuyau avoit esté parfaittement vuide; l'autre
inconvenient est qu'à mesure que le piston descend, la force qui
le pousse en bas diminue de plus en plus. comme il a esté remarqué au mesme endroit, ce qui fait qu'on est obligé de chercher des
moiens pour faire que la resistence diminue en mesme proportion
que la force mouvante, afin que la force mouvante puisse l'emporter jusques à la fin; de mesme que dans les montres de poche on
a invente les fusés pour faire que la montre aille toujours egalement viste quoyque le ressort tire plus fort quand il est nouvelle-
ment remonté que quand il approche du bas ; mais il seroit bien
plus commode d'avoir vne force mouvante qui agist egalement depuis le commencement jusques à la fin.

On a donc fait divers essays pour tacher de faire un vuide exact
par le moien de la poudre à canon : car, de cette façon, n'y ayant
aucun air pour resister au dessoubs du piston, toute la colomne
de l'atmosphære qui pese dessus le pousseroit tousjours avec vne
force egale depuis le haut jusqu'au bas. Mais ç'a esté en vain qu'on
a travaillé à cela jusqu'icy : et comme j'ay desjà dit, apres que la
flame de la poudre est eteinte, il reste tousjours près de la
cinquiesme partie de l'air dans le tuyau AA. J'ay donc tasché d'en

venir à bout d'une autre maniere : et (comme l'eau a la propriété,
estant par le feu changée en vapeur, de faire ressort comme l'air;
et ensuitte de se recondenser si bien par le froid, qu'il ne luy
reste plus aucune apparence de cette force de ressort) j'ay cru
qu'il ne seroit pas difficile de faire des machines dans lesquelles,
par le moien d'une chaleur mediocre et à peu de frais, l'eau feroit
ce vuide parfait qu'on a inutilement cherché par le moien de la
poudre à canon : et entre plusieurs differentes constructions qu'on
peut imaginer pour cela, celle cy m'a paru la meilleure.

AA, fig. 10, est un tuyau egal d'un bout à l'autre et bien fermé
par en bas : BB est vn piston ajusté à ce tuyau : DD est le manche
attaché au piston : EE vne verge de fer qui se peut mouvoir autour d'un axe qui est en F.G. vn ressort qui presse la verge de
fer EE, en sorte qu'elle entre dans l'echancrure H; si tost que le
piston avec son manche est elevé assez haut pour que la ditte
echancrure H paroisse au dessus du couvercle II. L est vn petit
trou au piston par ou l'air peut sortir du fonds du tuyau AA lorsque l'on y enfonce le piston pour la premiere fois. Pour se servir
de cet instrument on verse un peu d'eau dans le tuyau AA jusques
à la hauteur de trois ou quatre lignes; on y fait ensuitte entrer le
piston et on le pousse jusqu'au bas en sorte que l'eau qui est au
fond du tuyau regorge par le trou L, alors on ferme le dit trou
avec la verge MM et on y met le couvercle II, qui a autant de trous
qu'il en faut pour entrer sans obstacle : ayant ensuitte mis un feu
mediocre soubs le tuyau AA il s'echauffe fort viste parce qu'il
n'est fait que d'vne feuille de métal fort mince, et l'eau qui est dedans se changeant en vapeurs fait vne pression si forte qu'elle surmonte le poids de l'atmosphære et pousse le piston BB en haut,
jusques à ce que l'echancrure H paroisse au dessus du couvercle
II, et que la verge de fer EE y soit poussée par le ressort G, ce qui
ne se fait pas sans bruit.

Alors il faut incontinent eloigner le feu, et les vapeurs dans ce
tuyau leger se recondensent bien tost en eau par le froid et laissent le tuyau absolument vuide d'air; alors il n'y a qu'à tourner la
verge EE autant qu'il est nécessaire pour la faire sortir de l'echancrure H, et laisser le piston en liberté de descendre, et il arrive
que le piston est incontinent poussé en bas par tout le poids de
l'atmosphære et produit le mouvement qu'on veut, avec d'autant plus de force que le diametre du tuyau est grand. Et il ne faut
point douter que l'air n'agisse sur ces tuyaux avec toute la force
dont sa pesanteur est capable : car j'ay vu par experience que le
piston ayant esté elevé par la chaleur jusques au haut du tuyau
AA, est ensuitte redescendu jusques tout au fond; et cela plusieurs fois de suitte : en sorte qu'on ne sçauroit soupçonner qu'il
y ait eu aucun air pour le presser au dessoubs et résister à sa descente. Or mon tuyau qui n'a que deux pouces et demi de diametre
est pourtant capable d'elever soixante livres à toute la hauteur
dont le piston descend : et le corps du tuyau ne pèse pas cinq onces. Je ne doute donc pas qu'on ne pust faire des tuyaux qui ne

peseroient pas quarante livres, et qui pourtant pourroient elever
deux milles livres, à chaque opération jusques à la hauteur de
quatre pieds.

J'ay éprouvé aussi que le temps d'vne minute suffit pour faire
qu'un feu médiocre chasse le piston jusques au haut de mon
tuyau; et comme le feu doibt estre proportionné à la grandeur des
tuyaux on pourroit échauffer les gros à peu près aussi promptement que les petits; ainsi l'on voit combien cette machine, qui est
si simple, pourroit fournir de prodigieuses forces et à bon marché.
Car on sçait qu'une columne d'air qui s'appuye sur vn tuyau d'un
pied de diamètre pese presque deux mille livres; mais si le diamètre estoit de deux pieds, la pesanteur seroit de pres de huict
mille livres; et qu'ainsi la pression s'augmente tousiours en raison doublée des diamètres; d'ou il s'en suit que le feu dans vn
fourneau dont le diametre scroit d'un peu plus de deux pieds, suffiroit pour elever toutes les minutes huict mille livres à la hauteur
de quatre pieds, si on faisoit des tuyaux de cette hauteur; car, le
feu estant dans vn fourneau de placques de fer peu epaisses, on
pourroit facilement le pousser d'un tuyau à vn autre : et ainsi ce
mesme feu feroit continuellement dans quelque tuyau, ce vuide
qui pourroit ensuite produire de si grands effets. A présent, si
on considère la grandeur des forces que l'on produira de cette
manière, et le peu que pourra coûter le bois qu'il faudra pour
cela, on avouera asseurement que cette méthode est de beaucoup
preferable à l'usage de la poudre à canon, dont j'ay parlé cy dessus : vu principalement que de cette maniere on fait un vuide
parfait, et qu'ainsi on remedie aux inconvenients que j'ay
marquez.

Il seroit trop long de rapporter icy de quelle maniere cette invention se pourroit appliquer à tirer l'eau des mines, jeter des
bombes, ramer contre le vent, et à plusieurs autres vsages de
cette sorte : mais il faut que chacun selon les besoings qu'il en
aura imagine les constructions les plus propres pour ses desseings.
Je ne puis pourtant m'empescher de remarquer icy en passant
combien cette forme seroit preferable à celle des galeriens pour
aller viste en mer : car premierement les galeriens par leur poids
chargent beaucoup la galère et la rendent difficile à mouvoir :
deuxièmement ils occupent beaucoup de place et embarassent beaucoup le vaisseau : troisiemement on ne peut pas tousiours trouver
autant de galeriens comme on en auroit bien affaire : et enfin en
quatriesme lieu il faut tousiours nourrir les galeriens soit qu'ils
travaillent en mer soit qu'ils se reposent dans les ports : ce qui
n'augmente pas peu la despense. Mais nos tuyaux ne peseroient
que fort peu, comme j'ay desjà dit, ils ne tiendroient aussi que
fort peu de place, et on en pourroit aisement avoir autant qu'on
voudroit pourvu qu'on eust vne fois vne manufacture pour les
faire : et enfin ces tuyaux ne consumeroient de bois que dans le
temps de l'opération, mais dans les ports ils ne feroient aucune
despense. Or parce que ces tuyaux ne pourroient pas commode-

ment faire jouer des rames ordinaires il faudroit emploier des rames tournantes comme j'en ay vu autres fois à vne machine que
S. A. S. Monseigneur le prince Palatin Robert avoit fait faire à
Londres et que les chevaux fesoient avancer par le moien de rames
attachées aux deux bouts d'un aissieu : ce qui reussissoit si bien
que la barque du Roy ou il y avoit seize rameurs, demeuroit pourtant bien loing derriere cette machine.

Il seroit donc aussi facile de faire tourner par nos tuyaux des
aissieux aux bouts desquels il y auroit des rames attachées ; car
il faudroit seulement que les manches des pistons fussent dentez
pour tourner de petites roues dentées et affermies sur les aissieux
des rames : et pourvû qu'il y eut trois ou quatre tuyaux appliquez
à vn mesme aissieu ils pourroient lui donner vn mouvement continuel et sans interruption : car lorsque quelqu'un des pistons viendroit au bas de son tuyau en sorte qu'il ne fust plus en estat de
faire tourner l'aissieu jusques à ce que la force des vapeurs le fîst
remonter au haut de son tuyau : alors on pourroit promptement
lascher vn autre piston qui en descendant continueroit le mouvement à l'aissieu : et ainsi de suite on lascheroit encor vn autre
piston qui imprimeroit aussi sa force à l'aissieu : cependant que
les pistons qui seroient les premiers descendus seroient repoussez
au haut de leurs tuyaux par la force de la chaleur et qu'ainsi
ils acquerroient une nouvelle force pour tourner l'aissieu de la
manière qui a esté cy dessus décritte : et pour faire ainsi remonter
tous ces pistons les vns après les autres on n'auroit besoing que
d'vn seul fourneau avec vn feu médiocre.

Mais on m'objectera peut-être que les dents des manches des
pistons estant engagées dans les dents des roues, devroient, en
montant et en descendant donner à l'aissieu des mouvements opposez : et qu'ainsi les pistons montants empescheroient le mouvement de ceux qui descendroient, ou ceux qui descendroient empescheroient le mouvement de ceux qui devroient monter. Mais
cette objection est facile à resoudre : car c'est vne chose fort ordinaire aux horlogeurs d'affermir des roues dentées sur des ar-
bres ou aissieux en telle sorte que estant poussées vers vn costé
elles font necessairement tourner l'aissieu avec elles : mais vers
le costé opposé elles peuvent tourner librement sans donner aucun
mouvement à l'aissieu, qui peut ainsi avoir vn mouvement tout opposé à celuy des dittes roues. Toute la plus grande difficulté ne consiste donc qu'à ériger vne manufacture pour faire avec facilité des
tuyaux legers, gros et égaux d'un bout à l'autre comme il a esté
dit plus au long dans les actes de Lipsik an 1688, au mois de
septembre : Et cette nouvelle machine doibt bien encourager à
entreprendre vne telle manufacture : puisque elle fait voir plus
manifestement que jamais, que ces sortes de gros tuyaux pourroient s'emploier fort commodement à plusieurs usages de tres
grande importance. Icy finit l'extrait des actes de Lipsik.

V. Ex. voit, Monseigneur, que par cette invention on peut
avec peu de peine produire de tres grands effets sans qu'il soit

besoing de faire venir de loing la force de quelque rivière : mais il faut avoüer qu'il sera touiours necessaire de faire de nouvelles despenses pour entretenir le feu necessaire pour vuider les tuyaux. Cela m'a obligé de chercher les moïens de diminuer aussi cette despense : et je n'ay point douté que l'invention decritte dans la lettre à S. E. Monseigneur le Comte de Witgenstein ne pust heureusement servir pour ce desseing : tant parcequ'elle mettroit à profit la fumée qui d'ordinaire s'envole sans se brusler ; que parceque le feu poussé par le vent fait des effets beaucoup plus prompts et qu'ainsi on n'a pas tant de refroidissement à vaincre comme on l'a remarqué dans la lettre que je viens de citer. Le succes n'a pas trompé mon esperance : car ayant fait un petit fourneau ABCD, tel qu'il est representé fig. 11, ou la jambe AB avec la partie BC servent à contenir le feu, et le vent entrant par l'ouverture A pousse la flame vers la jambe CD, et ayant mis dans ce receptacle CD le tuyau qu'on veut vuider, la chaleur echauffe tres promptement l'eau qui est au fond de ce tuyau et pousse le piston jusqu'au haut ; alors il faut promptement mettre vn couvercle sur l'ouverture A et oster le tuyau vuide pour en remettre vn autre en sa place : cela estant fait on ouvre l'orifice A et le vent y entrant avec impetuosité rallume aussi tost vn feu fort grand et vuide le nouveau tuyau : et ainsi l'on peut vuider l'un après l'autre autant de tuyaux que l'on voudra et à fort peu de frais : car au lieu que, par l'experience qui avoit esté publiée dans les actes, j'avois trouvé qu'il falloit vne minute de temps pour vuider vn tuyau : j'ay remarqué que par cette nouvelle méthode on peut vuider ce mesme tuyau en un quart de minute : et comme il est facile de couvrir l'ouverture A tandis que l'on change de tuyaux, il ne se consume presque pas de bois que dans le temps que les tuyaux se vuident : car lors qu'il ne vient point de nouuel air au feu les aliments ne s'en consument pas. Il faut encore observer que dans cette nouvelle méthode, il n'est pas besoing que le feu soit aussi large que le tuyau à vuider ; car la flame sortant avec impetuosité par haut de la jambe CD, elle se dilate dans le grand receptacle DE et ainsi elle frappe et echauffe non seulement tout le fond mais aussi les costez du tuyau qui y est contenu.

Mais on pourra peut estre dire que, quoy que le feu n'ayt pas icy besoing d'estre si etendu que dans la premiere methode qui a esté decritte dans les actes de Lipsik ; il ne s'ensuit pourtant pas qu'il doive s'en consumer moins de bois : car icy le vent fourniroit vne si grande quantité d'air qu'il pourroit dissoudre dans le fourneau estroit vne aussi grande quantité de bois comme il s'en dissoudroit dans le fourneau de la premiere machine qui, à la verité, estoit plus large, mais qui en recompense ne recevoit point le vent d'aucun soufflet. Je respons à cela qu'il est vrai que le vent fait beaucoup pour haster la consumption des matieres combustibles ; mais il faut avoüer aussi que l'effet que le feu produit est pourtant encor plus grand à proportion que la quantité du bois qui se consume : car la flame a les mesmes proprietez que les autres li-

queurs en mouvement ; or on sçait qu'une ouverture qui jette de
l'eau avec vn degré de vitesse ne fournit que la moitié de l'eau qui
sortiroit si la vitesse estoit de deux degrez ; mais l'effet ou la force
de l'eau sortant avec la vitesse double scroit quadruple de la force
de l'eau qui sortiroit avec la vitesse simple : parce que la force
depend de la vitesse du mouvement aussi bien que de la quantité
de la matiere qui se meut. Il faut donc dire la mesme chose de la
flame, c'est à sçavoir, que le vent passant avec une vitesse double par le fourneau ABCD, y produira seulement vne double quantité de flame, mais neantmoins cette flame pourra produire vn effet quadruple sur les matieres qu'elle frappera, parceque sa vitesse
aussi est double : et l'augmentation de la vitesse augmente la force
du feu tout aussi bien que l'augmentation de la matiere enflamée :
ainsi donc on peut tenir pour asseuré que outre ce qu'on a desja
dit des advantages de cette nouvelle methode, elle devra aussi estre advantageuse en ce que elle augmentera la vitesse de la
flame.

Au reste j'ay trouvé qu'il vaudroit mieux approcher les tuyaux
du feu que d'approcher le feu des tuyaux : parce que ces tuyaux
estants faits de feuilles fort legeres, se peuvent transporter plus
facilement que le fourneau, qui seroit bien tost consumé par le feu
s'il n'estoit fait de matière vn peu épaisse : j'y trouve encor vn advantage considerable, en ce que le manche denté des pistons se
trouve eloigné des roues dans le temps qu'il doibt monter en haut :
car par ce moien il ne sera pas besoing de faire rebrousser chemin
aux roues dentées qui sont sur l'aissieu, comme il auroit fallu faire
suivant l'autre méthode qui a esté decritte cy dessus : car le manche du piston estant eloigné des roues ne pourroit faire sur elles
aucun effet : et lorsqu'on le rapprocheroit pour donner le mouvement aux roues on pourra avoir les choses si bien préparées que
la dent la plus basse du manche PP se trouve exactement au dessus
de la roue et la touche presque, comme on voit fig. 12, et ainsi le
mouvement que les autres pistons donnent à l'aissieu pourra tousiours se continuer : mais si tost qu'on laschera ce piston les dents
du manche qui descendra s'engreneront dans les dents de la roue
et par leur moien elles communiqueront le mouvement à l'aissieu
et à l'eau qu'il aura à elever : jusques à ce que le piston estant
parvenu au fond du tuyau la plus haute dent du manche se trouve
au dessoubs de la roue, comme on voit fig. 13. Et ainsi il arrivera
encor que le manche de ce piston ne pourra faire aucun obstacle au
mouvement que les autres pistons imprimeront à l'aissieu. Ainsi
donc il ne sera point besoing d'avoir recours à l'artifice des horlogeurs dont j'ay parlé à la fin de la petite dissertation couchée cy
dessus ; et cette invention scroit peut estre difficile à mettre heureusement en practique dans des machines qui doivent faire de
grandissimes efforts.

Voila, Monseigneur, ce que j'ay cru devoir icy soumettre au jugement de V. E. afin qu'il luy plaise d'examiner à loisir s'il vaut
mieux employer l'une des inventions qui ont esté decrittes dans

la lettre à Son Excellence Monseigneur le Comte Greiffenstein et ainsi transporter à l'ouverture de la mine la force perpetuelle d'une riviere fort éloignée, en emploiant pour cela des tuyaux ou des conduits fort longs et qui seront aussi sujets à quelques dangers : ou bien eviter la despense necessaire pour ces sortes de tuyaux ou conduits, et au lieu de cela produire tout proche de la mine des forces tres grandes, par le moien de cette derniere methode, mais d'estre tousjours obligé d'y faire fournir quelque chose pour la depense du bois et du travail. Cependant, en cas qu'il plaise à V. E. de se servir de cette derniere invention, je puis asseurer fermement que je sçay à present vne fort bonne maniere pour faire assez facilement les tuyaux gros, legers et egaux : et que je m'estimeray tres glorieux si je puis estre capable de Vous temoigner mon zele et avec combien d'ardeur et de respect, je suis,

Monseigneur,

de Vostre Excellence,

Le tres humble et tres obeissant Serviteur.

Lettre,

Touchant la mesure des eaux courantes contre Monsieur Dominique Guilielmini Medecin et Mathematicien à Boulogne.

A MONSIEUR

CHRISTIEN HUGENS,
Seigneur de Zulichem.

Monsieur,

Dans la dispute qui s'est élevée entre Monsieur le Docteur Dominique Gulielmini et moi, ce sçavant homme a prié le fameux Monsieur Leibnitz de juger de ce différent; sçachant fort bien que tous les hommes sont sujets à se tromper; et que nous pouvons nous tenir bien plus asseurez de la verité de nos pensées lorsque nous voions que les gens sçavants la recognoissent aussi bien que nous : je crois donc devoir suivre vn si bon exemple : et pour cet effet je prens la liberté de m'addresser à Vous, Monsieur, qui Vous estes acquis tant de gloire par le grand nombre de vos belles lumières, et à qui je doibs me recognoistre redevable de ce peu que j'ay esté capable d'en acquerir : ce n'est pas que je fasse difficulté d'accepter Monsieur Leibnitz pour arbitre, je sçay trop que Vous estes l'un et l'autre des juges equitables : et que ce ne sera jamais que l'amour de la verité et non pas la partialité qui vous engagera à prononcer quoyque ce soit; mais c'est que je suis persuadé que les recherches dont il s'agit et qui sont effectivement utiles pourront se faire beaucoup plus considerer d'un grand nombre de Lecteurs quand on y verra aussi Vostre nom qui est si celebre dans le monde : Pardonnez moy donc, Monsieur, la hardiesse que je prens, et quand il vous plaira de vous delasser de vos études plus relevées, je vous supplie de daigner parcourir ces petites meditations et d'en prononcer selon vos lumieres.

Dans les Actes de Lipsik, An. 1691, page 74, il y a vne demonsrtation par la quelle le sçavant Monsieur Gulielmini pretend prouver que *l'eau coulant par vne couppe ou section d'un canal incliné a autant de vitesse que si elle couloit d'un vaisseau par vne ouverture egale et semblable à la ditte couppe et aussi eloignée de la superficie de l'eau comme la ditte couppe est eloignée de la ligne horizontale tirée par le commencement du canal.*

Or cette demonstration est fondée sur les demonstrations de Galilée *de descendu gravium* : car il est certain qu'un corps solide descendant le long de ce canal jusques à la couppe acquerroit la vitesse marquée dans la Proposition cy-dessus : ce sçavant homme asseure donc que l'eau qui coule par ce mesme canal incliné doibt aussi y acquerir la mesme vitesse puisque ayant de la pesanteur de mesme que les corps solides elle doibt, de mesme qu'eux, en recevoir les impressions. Mais moi j'ay cru devoir revoquer en doute l'evidence de cette demonstration, comme on peut voir dans les Actes de Lipsik An. 1691, page 208. Ma raison est que dans le cas proposé il y a vne grande difference entre vn corps solide et l'eau qui est liquide : car on sçait que dans vn corps solide toutes les parties descendent selon le mesme angle d'inclination, mais dans l'eau il en va tout autrement; car quoyque les parties proche du fonds du canal suivent effectivement cette inclination, il est pourtant certain que les parties du dessus coulent par des lignes qui ont plus de penchant et qui mesmes n'en ont pas egalement partout, comme on peut voir, fig. 14, ou je suppose que la ligne AB est le fonds d'un canal incliné et uniforme dans toute sa longueur, dont les costez font des angles droits avec le fonds; il est constant que si l'eau en C remplit le canal jusques à E, elle ne devra pas en B le remplir jusques à H (supposant BH egal à CE), mais elle ne devra parvenir que jusques à quelque hauteur vn peu moindre, par exemple, jusques à G : la raison en est manifeste : car puisque il doibt passer vne egale quantité d'eau par toute la longueur du canal, il faut que l'eau dans ledit canal diminue de hauteur à proportion que sa vitesse augmente : il est donc evident que le penchant est plus grand à la superficie de l'eau que n'est celle du fonds du canal AB. On sçait de plus que les parties vers E ont plus de penchant que vers G, cette diversité de penchant doibt donc estre cause que les parties du dessus viennent frapper celles de dessous et les fassent heurter contre le fonds : d'ou il s'ensuit qu'il se fera aussi des reflexions vers en haut quelque vni et poli que puisse estre le fonds.

Il y a donc grand lieu de douter si tous ces differents accidents qui sont inevitables dans le mouvement des liqueurs ne peuvent point apporter du changement à la vitesse qu'ils auroient, sans cela, deub acquerir en descendant : de sorte que leur vitesse ne se trouve pas la mesme que celle qu'un corps dur auroit acquise en descendant de mesme hauteur. Or tous ces accidents sont de telle nature qu'on ne sçauroit les empescher ni par la perfection de la matière, ni par supposition; mais ils dependent de la nature des liqueurs, qu'il faut necessairement qu'ils s'y rencontrent si long temps qu'on les suppose liquides : ainsi donc je crois avoir eu raison de dire que les proprietez demonstrées pour les corps durs qui descendent par des plans inclinez ne doivent pas incontinent s'attribuer aux liqueurs qui coulent librement dans des canaux inclinez.

Voilà donc mon objection proposée un peu plus au long et plus clairement que la premiere fois : et je crois que si j'en eusse dit autant dans les Actes de Lipsik, Monsieur Gulielmini en auroit veu la force, et n'auroit pas voulu y respondre comme il a fait dans sa premiere lettre hydrostatique : car je crois qu'il est en quelque façon superflu de luy repliquer à present. Neantmoins crainte que le soing d'eviter la longueur ne me fasse encor tomber dans un plus grand defaut qui est l'obscurité, j'examineray un peu toutes ses reponses l'vne apres l'autre.

Premierement, dans la page 17 et suivantes, Monsieur Gulielmini s'efforce par divers arguments de prouver que les liqueurs en descendant augmentent leur vitesse : et que de plus en plusieurs rencontres leur vitesse s'augmente en mesme proportion que celle des corps durs : mais il auroit pu s'epargner cette peine puisque je suis du mesme sentiment, comme il le recognoist luy mesme dans la page 19. Sa response n'empesche donc pas que ma difficulté ne subsiste tousjours, sçavoir que dans le cas dont il s'agit, il se peut que les liqueurs ne suivent pas les mesmes reigles que les corps durs.

Les Responses que Monsieur Gulielmini a faittes à ma seconde et troisiesme objection se trouvent dans la page 21 de sa lettre, et elles reviennent toutes à cecy : c'est que les parties de l'eau qui sont les plus basses dans le canal ne peuvent produire aucun effet sur les parties qui sont plus hautes : parce que les plus basses vont devant avec plus de vitesse : il eclaircit la chose par la comparaison de deux boulles qui descendroient l'une après l'autre avec vne vitesse egale : car il est certain qu'elles ne feroient aucun obstacle au mouvement l'une de l'autre : et il y en auroit encor moins de danger si celle de devant alloit plus viste que l'autre.

Je respons à cela que ce sçavant homme s'est encor trompé en ne remarquant pas la difference qui se trouve entre les corps liquides et ceux qui sont durs : car les liquides qui coulent dans notre canal ont la propriété de diminuer de hauteur à mesure qu'ils augmentent leur vitesse, comme il a desja esté dit, et cela fait que la superficie de l'eau va plus en penchant que le fonds du canal : de la vient donc que les parties de l'eau qui sont vers la superficie augmentent leur vitesse plus promptement que les autres à cause de ce grand penchant : et ainsi elles frappent celles qui sont plus basses et causent des mouvements reflechis et embrouillez, comme on l'a desja prouvé avec l'aide de la fig. 14.

Dans les pages 22 et 23, Monsieur Gulielmini respond à ma quatriesme objection : et par ce qu'il en dit je vois qu'il n'a pas compris la force de mon raisonnement : car mon desseing estoit seulement de donner à entendre que, dans les cas dont Galilée donne la demonstration, non seulement il se fait augmentation de vitesse en raison soubsdoublée des espaces; mais qu'aussi, dans les corps qui descendent, les parties superieures et les inferieures decrivent des lignes parallèles entre elles; mais dans les liqueurs qui coulent dans vn canal il est impossible que ces deux conditions subsistent ensemble, sçavoir l'augmentation de la vitesse et le parallelisme des lignes de descente : je concluois donc qu'il estoit fort douteux que les reigles demonstrées pour la descente des corps durs doivent avoir lieu pour les corps liquides : puisque les uns et les autres ne descendent pas de mesme maniere.

Monsieur Gulielmini et toute autre personne qui voudra à present lire mon ecrit avec attention recognoistra sans doute fort bien que c'estoit la le véritable sens de mon objection : et ainsi on verra evanouir toutes ces pretendues contradictions que Monsieur Gulielmini s'est imaginé voir dans mon raisonnement : c'est pourquoy je tiens qu'il est inutile de m'arrester plus long temps sur cette matière.

Dans la page 24, Monsieur Gulielmini fait vne response qu'on cognoistra assez par ma replique : c'est que s'il peut donner vne demonstration legitime de la courbure que forme la superficie de l'eau en descendant par un canal incliné, il faudra avouer qu'il aura fait tout ce qu'on peut desirer de luy sur cette matière : mais si ses arguments ne sont fondez que sur la Doctrine de Galilée qu'il pretend devoir estre admise pour le cas dont il s'agit; alors je diray, par sa permission, qu'il n'avanceroit en aucune maniere parce qu'il supposeroit ce qui est en question : car nostre dispute est de sçavoir si la Doctrine que Galilée a demonstrée pour les corps durs doibt aussi avoir lieu pour les liqueurs qui coulent librement dans des canaux penchez. Je vous supplie donc, Monsieur, de juger, et je m'en rapporte à ce sçavant autheur luy mesme, s'il ne manque pas encor quelque chose à la perfection de son ouvrage?

Je passe à présent à la seconde lettre Hydrostatique que Monsieur Gulielmini addresse à l'illustre et tres sçavant Monsieur Antoine Magliabechi, ou ce docte Autheur s'attache à determiner quelle doibt estre la vitesse de l'eau dans les siphons. Mais avant de passer plus avant je ne puis m'empescher de me feliciter moi mesme d'avoir donné occasion à vn esprit si penetrant de cultiver cette partie si vtile de l'hydrostatique: et la consideration de ce bon effet qui a esté produit par mes premieres remarques, est vne des principales raisons qui m'oblige à en faire encor à present de nouvelles : ne doutant point que ce grand homme ne les reçoive en bonne part et ne travaille encor à eclaircir cette matiere avec la netteté qui paroist dans tous ses ecrits.

Je vais donc rapporter icy la premiere proposition que ce sçavant homme a entrepris de demonstrer dans la lettre que je viens de citer; car c'est le fondement de toutes les autres qui viennent apres

Dans les siphons, dit-il, dont les jambes sont inegales l'eau coule de la jambe la plus longue avec autant de vitesse qu'elle en auroit en sortant du fonds d'un vaisseau ou la hauteur de l'eau seroit egale à la difference qui est entre les jambes du siphon : pourvu que la jambe la plus longue n'excede pas 33 pieds.

Ainsi si nous supposons que le siphon GBS, fig. 15, soit rempli d'eau que le reservoir EG luy fournit continuellement : et que dans ce reservoir la superficie de l'eau soit toujours à la hauteur EE, ce sçavant homme asseure que l'eau coulera par l'ouverture S avec la mesme vitesse que si elle couloit par vn trou d'un vaisseau ou l'eau seroit au dessus dudit trou jusques à la hauteur DV, qui est la difference de hauteur qui se trouve entre les deux jambes du siphon. Sa demonstration est fondée sur l'equilibre qui se trouve entre toutes les autres parties : tant à l'egard des pressions de l'air, qu'à l'egard des columnes d'eau qui pesent egalement des deux costez : car il s'imagine que cette hauteur DV estant la seule qui n'a aucune force opposée pour la contrebalancer : elle doibt seule produire son effet et qu'elle ne doibt rien perdre de la vitesse que la pesanteur a coutume de donner.

Mais je crois pouvoir dire, avec la permission de ce sçavant homme, que la force de cette demonstration n'est pas assez evidente : car, par exemple, dans vne balance dont les bassins sont chargez, l'un de deux livres de poids; et l'autre d'vne livre : il n'y auroit que cette seule livre, qui est la difference entre les deux poids, qui causeroit le mouvement : parce que sans cela tout le reste demeureroit en equilibre : il ne s'ensuit pourtant pas pour cela que le mouvement qui se produira doive estre aussi prompt que si ce mesme poids d'vne livre descendoit librement dans l'air : mais au contraire il est constant que ledit exces de pesanteur ne faisant l'effort que d'une livre et ne pouvant la faire mouvoir sans donner aussi vn mouvement tout pareil aux deux autres livres qui sont dans la balance, il faut necessairement qu'elle donne vn mouvement plus lent a toute cette masse : et voici comment on peut demonstrer quelle doibt estre cette vitesse.

Il est constant que les corps pesants qui remontent en haut par le mouvement qu'ils ont receu de la pesanteur, doivent en montant perdre de leur mouvement peu à peu : et lors qu'ils ont achevé de monter, leur centre de gravité ne sçauroit se trouver plus haut que lorsqu'ils ont commencé à se mouvoir : car, autrement, on auroit le mouvement perpétuel. Dans cet exemple donc, ou la balance est chargée de trois livres, puisque les efforts de la pesanteur s'entre rendent inutiles excepté ceux qui agissent sur cette seule livre qui rompt l'equilibre : il s'ensuit que la force qui s'imprime à cette seule livre et qui doibt aussi se communiquer aux deux autres livres ne pourra leur donner de vitesse que ce qu'il en faut pour monter à la troisiesme partie de la hauteur d'ou sera descendue la livre qui rompt l'équilibre. Soit, par exemple, la corde A, B, D, qui passe par desssus la poulie B, C, fig. 16, et qu'on pende à l'une de ses extremitez le poids d'une livre A, et à l'autre extremité le poids de deux livres D : et que A E soit double de E D le centre de gravité sera en E. Supposons de plus que le poids D descende en ʙ il faudra que le poids A monte d'autant, c'est à savoir jusques en ᴀ : et alors le centre de gravité sera en ᴇ : or il est aisé de démonstrer que la descente E ᴇ n'est que la troisiesme partie de la descente D ʙ, et par conséquent le corps qui est ainsi descendu, s'il venoit à se reflechir vers en haut, ne monteroit qu'à ʋɴ tiers de la descente D ʙ, comme jusques en ꜰ : et le corps A continuant son mouvement vers en haut feroit autant de chemin jusques à ɢ, car alors le centre de gravité se trouveroit a mesme hauteur qu'auparavant, sçavoir, en E. Ainsi donc *quand les descentes sont egales la hauteur ou remontent les corps qui s'entre résistent, est à la hauteur ou remontent ceux qui sont dans l'air libre : en mesme proportion que la somme des deux poids est à leur différence :* car par ce moien le centre de gravité se trouve à la fin à mesme hauteur qu'il estoit au commencement du mouvement : quand on cognoist ainsi la hauteur ou les corps doivent monter on cognoist aussi la vitesse : puisqu'on sçait que les vitesses sont en raison soubs doublée des hauteurs.

On peut aussi aisement cognoistre quelle proportion il y a entre les vitesses acquises en un certain temps : C'est que *la vitesse qui s'acquiert en un certain temps dans l'air libre est à la vitesse qui s'acquiert en mesme temps dans une balance, en mesme proportion que la somme des deux poids de la balance est à leur différence :* Car la pesanteur agit tousjours et partout avec egale force . si donc, comme dans l'exemple precedent, nous avons la pesanteur d'une livre, et que toute la force qu'elle peut communiquer en vne seconde de temps s'appelle *a* il est clair que trois livres, qui auroient autant de vitesse que la livre toute seule, auroient vne force comme 3 *a*, et par conséquent il faudroit trois secondes de temps pour que la pesanteur susditte pust imprimer cette vitesse à trois livres de matiere : donc à chaque seconde de temps elle ne leur communiqueroit que le tiers de la ditte vitesse : et ainsi en augmentant la somme des poids il faudra necessairement augmenter la quantité du temps en mesme proportion : et on trouvera tousjours que *la vitesse qui s'acquiert,* ce qu'il falloit démonstrer.

On peut asseurer la mesme chose de l'eau qui est contenue dans les deux jambes d'un siphon, pourvu que les jambes soient uniformes : car si, par exemple, la jambe B S, fig. 15, contient deux livres d'eau, et que l'autre jambe n'en contienne qu'une : la différence entre ces deux poids est *vne livre,* et la somme des deux poids est *trois livres*, lesquelles doivent recevoir leur mouvement de la pesanteur de cette livre qui rompt l'équilibre : d'où il s'ensuit qu'il faudra le triple du temps pour que ces trois livres reçoivent autant de vitesse comme les corps qui descendent librement dans l'air. Il faudra raisonner de mesme maniere pour les autres proportions des jambes des siphons : en sorte que quelque petite que soit la longueur de la jambe qui monte en comparaison de celle qui descend : il arrivera pourtant tousjours que ce peu d'eau qui montera diminuera vn peu la vitesse de l'eau qui coule. Et, en effet, dans le traitté du mouvement des eaux, page 356, Monsieur Mariotte remarque que les adjutages qui jettent en haut, comme H, I, fig. 17, plus ils sont longs et moins l'eau monte haut : Monsieur Mariotte attribue à la verité la raison de cela au frottement : mais on doibt plustost croire que cela vient de ce que l'eau qui monte par ce petit tuyau resiste à l'eau qui descend par la jambe AC, et ainsi elle diminue sa vitesse : or les hauteurs des jets diminuent en raison doublée des vitesses : ce qui fait que l'eau qui sort par I, quoyqu'elle soit plus haut que H. elle ne sçauroit pourtant monter si haut que celle qui sort par H. Il faut donc avouer que, au commencement de l'ecoulement, la reigle de Monsieur Gulielmini se trouvera fort defectueuse.

Mais il faut avouer qu'il y a aussi icy de la difference entre les corps liquides et les corps durs : car les vns et les autres augmentent bien leur vitesse en descendant, mais les corps durs ne sçauroient descendre longtemps ; au lieu que le mouvement des liqueurs dans les siphons peut se continuer aussi longtemps qu'on veut : et ainsi avec le temps la vitesse peut devenir beaucoup plus grande qu'elle n'estoit au commencement de l'ecoulement. En effet, dans le livre que j'ay cité ci-dessus, page 365, Monsieur Mariotte a remarqué que dans vn certain ject d'eau, dont les tuyaux de conduitte ont fort peu de pente jusques à vne distance de 80 toises, il arrivoit que si on retenoit le jet avec la main pendant quelque temps, et qu'ensuitte on ostast la main, le jet au commencement estoit fort petit, et ensuitte s'elevoit peu à peu jusques à ce qu'il parveinst à sa hauteur ordinaire de deux pieds. La raison de cela estoit que dans ce tuyau qui estoit presque horizontal il y avoit vne grande quantité d'eau qui devoit acquerir vn certain degré de vitesse pour fournir au jet la quantité d'eau qui luy estoit nécessaire : mais parce que la pesanteur n'agissoit que sur vne petite hauteur d'eau il fallait beaucoup de temps pour que cette pesanteur pust donner laditte vitesse à toute l'eau contenue dans ce tuyau si long et presque horizontal.

Mais ce n'est pas seulement au commencement de l'ecoulement que la reigle de monsieur Gulielmini est defectueuse : Car il faut remarquer que dans les siphons recourbez il se trouve encor vne autre cause qui diminue la vitesse, c'est à sçavoir, les recourbures : car monsieur Mariotte a fort bien remarqué dans le mesme livre cy dessus, que les recourbures surtout si on les fait à angles droits, retardent extremement le mouvement de l'eau. La raison

de cette experience se peut demonstrer par la fig. 18, dans laquelle
il y a quatre courbures toutes à angles egaux entr'eux : on sçait
qu'un corps qui se meut suivant la direction AB sera contraint en
B de se detourner vers C et fera avec la premiere direction l'angle
CBD : et ayant tiré CD perpendiculaire à AD, on sçait dans la Mechanique que BD sera à BC comme la vitesse en BC à la vitesse
en BA : car dans la courbure B la vitesse se diminue selon cette
proportion. Qu'on prenne ensuitte CE, égale à BD et qu'on tire EF
perpendiculaire à la direction BCF : il sera clair que la diminution
de la vitesse dans l'angle C se fera suivant la proportion de CF à
CE, laquelle est la mesme que celle qui s'estoit faitte dans l'angle
B : car nous avons supposé que toutes les courburs se faisoient suivant des angles égaux entr'eux. Ainsi ayant pris GI egale à CF :
et ensuite HL egale à GK. nous trouverons tousjours que la vitesse se diminue en mesme proportion dans chaque courbure
pourvu qu'elles se fassent toutes suivant des angles égaux, et
nous aurons les lignes BC, CE, GI, HL, HM, qui seront en proportion continue suivant la raison de BC à BD ou à CE : donc les
deux lignes BC et HM entre lesquelles cette mesme raison ou proportion se trouve reiterée autant de fois qu'il y a de courbures ;
ces deux lignes disje exprimeront la diminution totale de la vitesse
arrivée dans toutes les courbures : car la vitesse totale en AB est
à la vitesse restante en HL : en mesme proportion que BC à HM :
et ainsi, *quel que soit le nombre des courbures, en prenant des li-*
gnes proportionnelles qui diminuent en mesme raison que la vi-
tesse diminue en chaque courbure : et faisant que ladite raison soit
repetée entre elles autant de fois qu'il y a de courbures ; les deux
lignes extremes seront entre elles en mesme raison que la plus
grande vitesse est à la plus petite.

Mais si on veut resoudre ce probleme par les nombres, il n'y
aura qu'à prendre les nombres qui expriment le rayon et le sinus
du complement de l'angle donné (car BC est le rayon et BD le sinus du complement de l'angle CBD) : ensuitte il faudra trouver des
nombres en cette mesme proportion continue, jusques à ce que la
mesme raison soit repetée entre eux autant de fois qu'il y a de courbures : et alors les deux nombres extremes seront entre eux comme la plus grande vitesse est à la plus petite.

Or il est facile de demontrer que plus il y aura de costez au
polygone que le corps decrira par son mouvement, tant moins il y
aura de vitesse perdue : et, comme le cercle est vn polygone d'une
infinité de costez, la moindre diminution de vitesse se fera lorsque
les courbures seront des arcs de cercles : mais pourtant il se fera
tousjours quelque diminution de vitesse, sur tout dans les liqueurs,
comme on verra cy dessoubs : mais dans les courbures qui se font
à angles droits, comme monsieur Gulielmini les a representées
dans sa figure douzieme, la vitesse devroit se perdre toute entiere
à chaque courbure : et ainsi, dans le tuyau qu'il a representé, la
mesme eau devroit recevoir six fois de suitte vn nouveau mouvement avant que d'arriver à l'ouverture par ou elle sort. Je le sup-

plie donc de considerer combien il s'est trompé quand il a dit que cette eau couleroit avec autant de vitesse que si elle sortoit du fonds d'vn vaisseau ou l'eau auroit autant de hauteur comme elle en a dans ce tuyau recourbé six fois, par dessus l'ouverture par ou elle sort.

Il faut pourtant avouer que, dans un tuyau courbé à angles droits, la diminution de vitesse n'est pas si grande pour les corps liquides comme elle seroit pour quelque globe dur qu'on voudroit faire passer par vn tel tuyau : car, comme les parties des corps fluides sont toutes détachées les vnes des autres, il arrive que les parties qui sont dans vn angle, comme ACB, fig. 20, demeurent presque immobiles : et ainsi les autres parties qui passent aupres se detournent à leur rencontre par des angles propres à diminuer la vitesse moins qu'elle ne se diminueroit dans vn corps dur qu'on feroit passer par vn tel tuyau. Au contraire dans un tuyau circulaire, le retardement doibt se faire plus considerable pour les corps liquides que pour les corps durs : car il arrive que les parties en AB, par exemple, fig. 20, tendent à continuer leur mouvement vers B, c'est à dire suivant la tangente du cercle : et ainsi elles heurtent contre les parties DCB qui sont obligées de se mouvoir circulairement : il se fait donc vn choc de parties et vn retardement qui n'arriveroit pas à vn corps dur qui passeroit dans un tel canal.

Ce retardement qui provient des reflexions est sans doute la veritable cause d'vne experience que Monsieur Mariotte rapporte page 353 du traitté *du mouvement des eaux* [*voir fig.* 17] *ABCD,* dit-il, *est vn tuyau de six pouces de diametre et de six pieds de hauteur ; le tuyau CE a trois pouces de largeur et le tuyau GF vn pouce. On avoit fait aux points HIL trois ouvertures : celle qui estoit en H avoit deux lignes, celle en I quatre lignes, et la derniere en L en avoit huict. Dans l'autre branche FG les ouvertures KN M estoient disposées de mesme selon la grosseur des ouvertures à l'egard de la proximité du tuyau ABCD. Le tuyau AD estant plein on laissoit aller successivement les trois ouvertures HIL ; les autres demeurant tousjours fermées ; le jet par L s'elevoit le plus haut, celuy par I ensuitte, et celuy par H jaillissoit le moins haut des trois. De l'autre costé la grande ouverture M jallissoit le moins haut, celle en N vn peu plus haut, et la petite K la plus haute des trois.*

Monsieur Mariotte attribue la cause de ces effets au frottement de l'eau dans le tuyau estroit GD : car ce frottement doibt estre d'autant plus grand que la vitesse de l'eau dans le tuyau est plus grande : et ainsi, quand il se depense vne grande quantité d'eau par les ouvertures qui sont grandes, ce frottement doibt estre plus considerable : parce que l'eau doibt couler plus viste pour fournir la quantité d'eau necessaire pour la depense du jet : et à cause de cette resistance qui vient du frottement, le jet monte tousjours moins haut lors qu'il sort par vne plus grande ouverture.

Mais dans le tuyau large CE le mouvement de l'eau est si lent que la résistance qui vient du frottement ne sçauroit estre sensible ; et ainsi le jet qui se fait par la plus grande ouverture, monte le plus haut parce qu'il peut plus facilement surmonter la resistence de l'air.

Mais il est facile de demonstrer que ce n'est pas là la veritable cause de ce phænomene, si l'on prend garde à vne autre experience que Monsieur Mariotte rapporte vn peu plus bas, page 360, c'est que lorsque la hauteur du tuyau AD estoit de 50 pieds, et le tuyau horizontal CE avoit trois pouces de diametre et quarante pieds de long, vn trou de six lignes de diametre faisoit tousjours le jet de mesme hauteur, soit que ce trou se fist à l'extremité du tuyau horizontal, soit qu'on le fist tout proche du tuyau descen-- dant AD : d'ou il s'ensuit que l'eau ayant autant de vitesse qu'elle en a quand le tuyau AD est haut de cinquante pieds, et l'ajutage de six lignes de diametre, le frottement ne fait pourtant aucune resistence sensible, mesme dans vne longueur horizontale de qua- rante pieds : or il est facile de demonstrer que quand le tuyau AD n'a que six pieds de haut et l'ouverture N est de quatre lignes : la vitesse dans le tuyau horizontal GD, quoy qu'il n'ayt qu'un pouce de diametre doibt estre moindre que dans le tuyau CE lorsque la hauteur de l'eau est de cinquante pieds et l'ajutage de six lignes, Il faut donc avouer que la diminution de vitesse, que Mons. Ma- riotte asseure se remarquer lors que l'eau jallit par N, ne doibt pas s'attribuer au frottement de l'eau dans le tuyau, vu principale- ment qu'elle ne parcouroit qu'une fort petite longueur de tuyau ou elle pust souffrir ce frottement.

La veritable raison de cette experience est donc que effective- ment dans le tuyau horizontal GD la vitesse de l'eau est assez con- siderable lorsque l'on ouvre les grands trous M ou N : puis donc que ce mouvement horizontal ne sçauroit se reflechir vers en haut à l'ouverture N sans perdre vne partie de sa vitesse, comme il a esté dit cy dessus : cette partie qui se perd ainsi peut estre assez considerable pour causer vne diminution sensible dans la hauteur du jet : vu principalement que les hauteurs se diminuent en raison doublée des vitesses. Mais dans le tuyau CE, la vitesse n'estant que $\frac{1}{?}$ de la vitesse dans le tuyau DG : Cette partie de vitesse qui se perd par la reflexion ne sçauroit estre sensible : puisque la vi- tesse toute entiere pourroit à peine elle mesme faire vn effet re- marquable.

On voit donc la raison veritable qui fait que, lorsque les tuyaux de conduitte sont assez gros, les jets d'eau ne souffrent aucune di- minution sensible de leur hauteur nonobstant que l'eau soit obli- gée de se reflechir vers en haut : On voit aussi que quand les tuyaux de conduitte ne sont pas assez gros la diminution de la hauteur du jet se fait aussi grande quand le tuyau horizontal est court que quand il est long : parce que la diminution ne provient pas du frottement contre les costez du tuyau, comme on le croioit, mais elle provient de la reflexion du mouvement vers en haut : ce qui n'arrive qu'une fois soit que le tuyau horizontal soit long, soit qu'il soit court : d'ou il s'ensuit que la diminution doibt estre egale dans l'un et dans l'autre cas. Je ne nie pourtant pas que dans des tuyaux fort etroits le frottement ne puisse faire vne grande resis·tence : mais non pas dans des tuyaux aussi gros que ceux dont parle Monsieur Mariotte.

Pour confirmer cette theorie par quelque experience, je prepa·ray un jour deux tuyaux de mesme grosseur et de mesme hauteur perpendiculaire, comme ils sont representez fig. 20, la seule diffe·rence qui s'y trouvoit c'est que l'un estoit courbé circulairement et l'autre à angles droits : ce tuyau à angles droits donna dix livres d'au en 45, le tuyau circulaire en donna la mesme quantité en 31 ou 32, et vne ouverture faitte au fonds d'un vaisseau toute pareille à celle des tuyaux et estant chargée de mesme hauteur d'eau, en fournit la mesme quantité en 27 ou 28.

Pour estre plus asseuré de l'exactitude de cette experience, je la reiteray plusieurs fois; et j'avois vne mesme ouverture de rapport de mesme grosseur que les tuyaux, et je l'appliquois aux extremi·tez des tuyaux et au fonds du vaisseau à chaque fois que j'en vou·lois faire l'expérience : de sorte qu'on ne scauroit soupçonner qu'il y ayt eu aucune erreur à raison de l'inegalité des ouvertures par où l'eau sortoit.

Le frottement contre les costez du tuyau ne pouvoit aussi cau·ser de resistence sensible; car le diametre des tuyaux estoit de 7 lignes : et il falloit que l'ouverture par ou l'eau sortoit fust tous·jours vn peu enfoncée dans l'eau d'vn vaisseau plein d'eau que j'a·vois mis dessoubs autrement il y auroit eu grand danger que l'air n'y fust entré en mesme temps que l'eau en sortoit.

Je crois donc qu'en voila assez pour prouver que la theorie de Monsieur Gulielmini est defectueuse : Car, selon luy, il ne seroit pas besoing de faire les tuyaux de conduitte plus gros que les ou·vertures par ou se font les jets. pourvu qu'ils fussent assez gros pour que le frottement ne pust y faire de resistence considerable : mais pourtant on voit par experience que le contraire arrive con·stamment : car, à moins que la grosseur des tuyaux de conduitte surpasse de beaucoup la grosseur des ajutages, il se fait beaucoup de diminution à la hauteur du jet. Il s'en suivroit deplus, de la mesme Doctrine que, si lon avoit à conduire l'eau du bassin A, fig. 21, jusques à l'ajutage E, et qu'il se rencontrast en chemin vne vallée CDE, il n'importeroit pas de conduire les tuyaux suivant la courbure de la vallée CDE, ou bien de bastir vn pont pour les faire passer en droitte ligne de C à E : mais neantmoins l'expe·rience tres constante montrera aussi qu'il se fera vne grande di·minution de la hauteur du jet si on conduit les tuyaux par CDE à cause des courbures reiterées, à moins que les tuyaux de con·duitte ne fussent extremement gros.

Je crois qu'il sera à propos de resoudre icy vne quæstion qui donneroit peut estre de la peine à bien des gens : c'est à sçavoir, d'ou vient que les pressions de l'air qui font aux deux bouts du tuyau des efforts equivalents au poids de 33 pieds d'eau, n'empes·chent pas que l'eau qui jallit n'ayt en bien des rencontres sa vitesse

toute entière , du moins sensiblement? et que neantmoins , dans
vne balance, des poids ainsi opposez l'un à l'autre causent vne
grande diminution de vitesse? La raison de ce phænomene est, que
dans la balance il faut necessairement que les poids tous entiers
se remuent tous en mesme temps; mais dans les tuyaux qui conduisent l'eau il n'est pas besoing que les columnes d'air qui pesent
sur les deux bouts se meuvent toutes entieres : mais il suffit qu'il
passe autant d'air de l'ajutage vers le bassin, comme il passe d'eau
du bassin vers l'ajutage : car par ce moien il se conserve tousjours vne pression d'air egale de costé et d'autre : et il ne sera pas
besoing qu'il se meuve vne plus grande quantité d'air : or celle cy
pese si peu qu'on peut la remuer sans que la force mouvante en
reçoive de diminution sensible.

J'adjouteray encor icy vne chose pour lever vn doute à Mons.
Gulielmini luy mesme ; car il avoue, dans sa seconde lettre page
34, qu'il est en doute si la jambe BS , fig. 15, devra demeurer
pleine d'eau lorsque sa hauteur perpendiculaire surpassera 33 pieds
lesquels il suppose faire equilibre avec la pression de l'air. J'espere donc que ce sera luy faire plaisir de lui montrer quand et
jusqu'ou ladite jambe BS devra se vuider dans tous les differents
cas qui se pourront rencontrer. Il est certain que l'eau dans la
jambe BS doibt avoir vne telle hauteur, qu'il puisse sortir autant
d'eau par S comme il entre par B : si donc BS a tant de longueur
que la hauteur depuis S jusques à B fasse vne si grande pression
quelle chasse plus d'eau par S qu'il n'en sçauroit entrer par la
jambe GB, alors la jambe BS ne pourra demeurer pleine puisque
elle donne plus qu'elle ne reçoit : il faudra donc quelle se vuide
jusques à ce que la hauteur de l'eau soit telle qu'elle ne chasse que
tout juste autant qu'elle reçoit.

Ainsi, par exemple, si nous supposons que la jambe BC ayt onze
pieds de haut ; et la jambe BS 60 pieds : il faudra qu'il demeure
vne hauteur de 5 pieds vuide au haut vers B : car alors la jambe
BS sera pleine jusques à la hauteur de 55 pieds : dont il y en aura
33 qui contre balanceront l'air qui presse à l'ouverture S : et les
autres 22 pieds qui resteront feront vne pression qui chassera autant d'eau comme il en entre par la jambe CB : car du costé de CB
la pression de l'air est de 33 pieds d'ou il faut retrancher la hauteur CB qui est de 11 pieds si bien qu'il reste vne pression de 22
pieds qui par consequent devra donner vne vitesse egale à celle
que donnera la mesme pression de 22 pieds que nous avons desja
dit se trouver aussi dans lautre jambe pour chasser l'eau par le
trou S.

Or cette reigle aura lieu lors qu'on fera l'experience avec de
l'eau purgée d'air ; mais l'eau ordinaire jetteroit vne fort grande
quantité de bulles d'air qui s'amasseroient au haut vers B et y feroient vne pression qui hasteroit le mouvement qui se fait en S, et
retarderoit celuy qui se fait dans la jambe CB : et ainsi la hauteur
de l'eau dans la jambe BS se diminueroit peu à peu jusques à ce
qu'enfin la quantité de ces bulles d'air fust si grande que leur pres-

sion egalast 22 pieds d'eau : et alors le mouvement de l'eau s'arresteroit tout a fait : car cette pression estant adjoutée aux 11 pieds qui sont dans la jambe CB feroit en tout 33 pieds qui resisteroient à la pression de l'air exterieur et empescheroient qu'elle ne pust pousser de nouvelle eau par l'ouverture C : et dans la jambe BS l'eau demeureroit aussi à la hauteur de 11 pieds, afin que de ce costé là aussi il se puisse faire equilibre avec l'air exterieur. Ainsi donc j'espere que Monsiur Gulielmini sera desormais delivré de tous les doutes qu'il avoit sur cette matiere.

Je crois que ce que je viens de dire suffira pour faire voir que ce n'est qu'a plusieurs reprises et par des meditations reiterées qu'on decouvre les veritez dans les sciences : et ainsi je croiray avoir beaucoup fait si mes observations peuvent fournir sujet à Mons. Gulielmini de travailler encor sur ces matieres et de les eclaircir de plus en plus. Et je m'estimeray fort glorieux, Monsieur, si vous daignez donner quelque sorte d'approbation à ce peu de recherches hydroliques que je ne sçache pas avoir encor esté publiées comme il faut. Je suis avec vn profond respect.

Monsieur,

Votre tres humble et tres obeissant
serviteur.

Abregé de la dispute de l'Autheur
Contre le tres celebre Mons. G. G. L. touchant la veritable maniere d'estimer les forces mouvantes.

L'objection que le fameux Mons. G. G. L. a publiée, dans les Actes de Lipsik An 1686, page 101, contre la maniere ordinaire d'estimer les forces mouvantes concerne sans doute vn des premiers fondements de la Physique : et le sçavant Mons. l'abbé D. C. avoit desja taché d'y respondre dans les Nouvelles de la Republique des Lettres : mais il a semblé que Mons. L. l'ayt entierement convaincu et satisfait sur la validité de son objection, comme on peut voir dans les Actes Erud. An 1690, page 228, j'ay donc cru qu'il ne seroit pas mal à propos de faire vn extraict de tous les ecrits qui ont esté ou imprimez ou envoiez en particulier de part et d'autre dans la dispute ou je me suis trouvé engagé avec Monsieur L. sur cette matiere. et qui peuvent le plus servir à enlever les difficultez qui asseurement ne sont pas petites; et j'espere que par ce moien quantité de Lecteurs trouveront avec peu de peine des eclaircissements importants sur cela : Afin donc que l'on puisse voir icy le tout ensemble en abregé : je reprendray la chose dez son commencement.

Dans le lieu que j'ay cité au commencement Mons. L. a voulu prouver que la quantité du mouvement et la quantité de la force sont des choses differentes : parce que la quantité du mouvement se peut changer quoyque la force demeure toujours la mesme : et il se fondoit sur cette hypothese : *c'est que les hauteurs ou les corps pesants montent sont entre elles comme les forces mouvantes :* or il est certain que lesdittes hauteurs ne sont pas entre elles comme les quantitez de mouvement. Mais pour moy dans les Actes de l'an 1689, page 186, je luy ay nié expressement que ladite hypothese fust veritable pour les corps qui ne montent que par la force du mouvement qu'ils ont desja acquis : car la quantité de leur force se doibt mesurer par la durée du temps qu'ils emploient à monter; et non pas par la hauteur à laquelle ils montent : et la raison que j'en donnois est que ce n'est point l'etendue de l'espace à parcourir qui fait perdre la force aux corps en mouvement; mais c'est seulement la resistence qu'ils rencontrent à vaincre : car sur vn plan horizontal vn mobile peut parcourir tant d'espace qu'on voudra sans perdre rien de sa force : parce qu'on suppose que sur vn tel plan il n'y a point de resistence à vaincre : ce qui fait donc que sur les plans montants la force diminue continuellement, c'est que la matiere qui fait la pesanteur resiste continuellement au corps qui monte et s'efforce par des coups continuels de le repousser vers en bas : Or ces coups agissent tousjours de mesme maniere sur le mesme corps, soit qu'il monte viste ou lentement, pourvu que l'inclination du plan soit tousjours la mesme, comme je l'expliqueray plus au long cy dessoubs : Ainsi donc les dits coups de la pesanteur ne resistent pas plus au premier temps qu'au second, ou au troisiesme, ou au quatriesme, etc. et par consequent la quantité de cette resistence se doibt mesurer par le nombre des temps que son action dure; et non pas par la quantité de l'espace parcouru : Or la quantité de la force se cognoist, comme il a esté dit, par la quantité de la resistence necessaire pour la detruire : donc elle se doibt mesurer par le nombre des temps.

Cette response estoit si juste qu'il auroit esté difficile de la combattre directement : c'est pourquoy ce scavant opposant essaya de me reduire à l'impossible : et il dist que, selon nostre opinion, on devroit faire le mouvement perpetuel de la maniere qui suit. Supposons, par exemple, que la boule A de quatre livres fig. 22 descende de la hauteur d'un pied 1 A E par la ligne inclinée 1 A 2 A, jusques à ce qu'elle vienne au plan horizontal EF et que là elle avance de 2 A jusques a 3 A avec vn degré de vitesse qu'elle aura acquis en descendant. Supposons de plus que sur ce mesme plan horizontal il y ayt vne autre boule B qui soit en repos en 1 B : et que toute la force de la boule A doive passer à la boule B : en sorte que A, demeurant en repos dans le lieu marqué 3 A, dans la suitte la boule B se meuve toute seule.

On demande combien de vitesse devra recevoir la boule B, pour avoir autant de force comme la boule A en avoit. L'opinion commune est que la boule B, estant quatre fois plus petite que la boule A, devra recevoir vne vitesse de quatre degrez c'est à dire quadruple de la vitesse de A : parce que A, de 4 livres avec la vitesse 1 a autant de force que B de 1 livre avec la vitesse 4 : or en sup-

posant que le mouvement soit ainsi passé de l'un à l'autre Mons.
G. G L. demonstre fort aisement que l'on pourra faire le mouvement perpetuel : parce que B, de 1 livre avec la vitesse 4 pourroit
monter à la hauteur de 16 pieds, comme jusques a 3 B et, en descendant de là, il pourroit, par le moien d'un levier, elever A, ou 4
livres, presques jusques à la hauteur de 4 pieds, quoy que au commencement il ne fust qu'à la hauteur de 1 pied. Ainsi donc il croit
que l'opinion qui a esté receue jusques à present est, par cette
demonstration, reduitte à l'impossible.

Pour moy je luy ay avoué que les corps qui montent viste à vne
certaine hauteur souffrent moins de resistence que s'ils parcou-
roient ce mesme espace avec moins de vitesse : parce que, comme
j'ay dit cy dessus, plus ils vont viste moins ils reçoivent de coups
de la matiere qui foit la pesanteur : or de la il s'ensuit qu'en transportant quelque quantité de mouvement d'un grand corps dans vn
plus petit, cette quantité ainsi transportée venant à faire vne plus
grande vitesse fera aussi qu'il se rencontrera moins de resistence
en montant : et qu'ainsi le centre de gravité pourra monter plus
haut que si le mouvement fust demeuré dans le grand corps : et il
est infaillible que le mouvement perpetuel s'ensuivroit, s'il estoit
possible de transporter ainsi le mouvement sans perte.

Mais je soutiens que les loix etablies de Dieu pour la communication des mouvements sont telles que, toutes les fois que quelque
quantité de mouvement passe d'un grand corps dans vn plus petit,
il arrive aussi en mesme temps quelque diminution à la somme
des mouvements qui se rencontroit dans ces deux corps avant le
choc : de sorte que, par la quantité ainsi retranchée de la somme
des mouvements, la hauteur ou ces deux corps montent se trouve
diminuée d'autant qu'elle auroit deub s'augmenter par le transport
de cette partie de mouvement qui est passée du plus grand corps
dans le plus petit : et ainsi le centre commun de gravité ne sçauroit monter ni plus ni moins haut apres que devant le choc.

De cette response naist vne nouvelle difficulté, sçavoir, qu'il ne
devroit donc pas y avoir tousjours vne egale quantité de force dans
le monde : Car Monsieur L. croit que quand il se retranche quelque quantité de la somme des mouvements des corps qui se chocquent elle doibt estre detruitte ; et qu'ainsi, selon nous, la force
mouvante aussi se detruiroit : ce qui est impossible : parce que,
entre vne cause et son effet il se trouve tousjours une egalité absolument inviolable : et le patient reçoit tousjours exactement autant de force comme l'agent en pert. Mais cette difficulté s'eva-
nouira aisement si nous considerons la cause qui fait que les corps
se refleçhissent apres le choc : car Monsieur Mariotte a fort bien
jugé que le mouvement de reflexion provient du ressort : en ce que
les corps qui se chocquent s'entre pressent : et ainsi bandent les
parties à ressort dont ils sont composez : ces petits ressorts donc
estants ainsi bandez en se remettant en leur estat ordinaire, doivent repousser en arriere lesdits corps qui se sont chocquez et leur
imprimer ce mouvement qu'on appelle reflechi ou de reflexion.

Pour ce qui est de la cause qui fait que les ressorts bandez se remettent dans leur estat ordinaire : on doibt l'attribuer à la pression de quelque matiere qui s'etend à vne etendue tres vaste au dela de l'Atmosphære et qui repousse les ressorts bandez à leur état naturel : de mesme que le poids de l'air repousse le piston au fonds d'vne pompe bien bouchée, lorsque ledit piston a esté vn peu tiré par quelque force exterieure : de mesme donc que, quand vn tel piston retourne à son lieu de repos, il arrive tres souvent que la force qui a esté emploiée à le soulever luy et lair qui sappuie dessus, cette force disje ne se communique pas ensuitte toute entiere audit piston et aux autres corps qui doivent participer à son mouvement ; mais vne grande partie de laditte force demeure dans l'air, et par plusieurs vndulations elle se disperse dans les vastes espaces de l'air : ainsi aussi la force qui a esté emploiée à bander des ressorts et à repousser la matiere qui cause le ressort : cette force, disje, lorsque les ressorts se debandent, ne retourne pas toute dans lesdits ressorts et dans les corps à qui ils communiquent le mouvement de reflexion ; mais il arrive souvent qu'une partie de laditte force demeure dans cette matiere à qui nous avons attribué la cause du retablissement des ressorts : et ainsi elle doibt par diverses vndulations s'espendre dans les vastes espaces occupez par laditte matiere : et ainsi on voit comment se peut conserver ce mouvement que Monsieur L. s'imagine devoir se perdre quelques fois absolument dans le choc des corps : on voit donc aussi que l'impossibilité du mouvement perpetuel, et la conservation d'une mesme quantité de mouvement ou de force dans le monde sont des doctrines qui peuvent fort bien s'accorder avec la maniere ordinaire d'æstimer les forces mouvantes.

Il me reste de rapporter icy deux different cas par ou le sçavant M^r. L. a tasché de prouver qu'il n'est pas impossible de faire passer toute la force d'un grand corps dans vn plus petit : d'ou il s'ensuivroit, de mon propre aveu, que le mouvement perpetuel seroit fort possible. Le premier de ces cas, que j'ay moy mesme marqué, est tel. Qu'on prenne vn levier par le moien duquel la force mouvante imprime vne certaine quantité de force à vne livre de poids : la mesme force mouvante pourra imprimer tout autant de force à vne demie livre posée à vne double distance de l'appuy : ou à vn quart de livre posé à vne distance quadruple : et ainsi la mesme force pourra passer dans des corps tousjours de plus petits en plus petits autant qu'on voudra les eloigner de l'appuy. Pour moy j'ay avoué que cet argument seroit tres fort si on avoit vn levier qui fust parfaittement dur et roide : en sorte que la force mouvante se communiquast aussi facilement aux parties eloignées qu'aux parties voisines : mais j'ay nié qu'il se puisse jamais trouver vne dureté parfaitte : Car, soit en soulevant des poids, soit en surmontant quelqu'autre sorte de resistence que ce puisse estre, les leviers doivent necessairement se bander jusques a vn certain degré proportionné à la resistence qu'ils doivent vaincre : or plus le levier est long plus il y a de parties qu'il faut bander jusques a

ce degré là : et ainsi il y a vne plus grande quantité de force mouvante qui s'emploie à les bander : ainsi donc vn petit corps eloigné de l'apuy ne sçauroit recevoir tant de force comme en rece-
vroit vn corps plus grand dont le poids et la distance seroient en
raison reciproque au poids et à la distance du corps plus petit.

Le subtil M. L. attaqua encor cette response en disant que les
corps d'un prompt ressort font presque le mesme effet que ceux
qui seroient parfaitement durs. Mais je luy respondis que la promptitude du ressort ne fait rien contre ce que j'avois avancé : parce
que le ressort doibt tousjours es're bandé à proportion de la force
qu'il faut vaincre : Car il faut emploier autant de force pour ploier
vn peu vn ressort tres dur, comme pour ploier plus sensiblement
vn ressort plus mol : je ne nie pourtant pas qu'il ne se fasse vne
grande perte de force dans les ressorts qui sont fort mols : comme
cela se voit quand on laisse tomber vne petite boule de bois sur
vne enclume : car elle ne rejallit que beaucoup moins haut que le
lieu dont elle est tombée, mais vne balle d'acier rejallit presques
aussi haut que le lieu d'ou elle descend : mais, si on augmente
davantage la dureté et la promptitude du ressort, on ne gaignera
pourtant presque rien pour faire rejallir la boule plus haut : en
sorte que quand mesme on auroit le secret d'augmenter tousjours
la dureté de plus en plus autant qu'on voudroit, on ne pourroit
pourtant jamais faire que la boule par son mouvement reflechi re-
montast tout à fait aussi haut que le lieu d'ou elle seroit descendue,
et l'augmentation de la promptitude du ressort ne serviroit que
comme de rien. Ainsi aussi, dans le cas en question, les leviers
qui sont bien durs et roides font presques tout l'effet possible, et
quand mesmes on auroit le secret d'augmenter leur dureté autant
qu'on voudroit à peine pourtant pourroit on augmenter sensiblement la quantité de leur effet : parce que il faudroit pourtant tousjours bander ces leviers jusques à vn degré proportionné à la grandeur de la resistence qu'il y auroit a vaincre.

Monsieur L. poussa encor sa pointe, et dist que l'on pouvoit imaginer la promptitude du ressort si grande que sa difference d'avec
vne dureté parfaitte seroit moindre qu'aucune difference donnée,
à la discretion de celuy qui fait la demonstration, afin de rendre
par ce moien la difference de l'effet autant petite qu'on voudra : je
respondis à cela que cette sorte de raisonnement est bonne quand
il s'agit de deux choses finies, comme sont un quarré et vn cercle,
mais parce qu'il s'agit icy d'un fini et d'un infini il en va tout autrement : car quelque augmentation que l'on suppose dans la
promptitude du ressort, on pourra pourtant tousjours se l'imaginer encor plus prompt et plus prompt tant que l'on voudra : et
neantmoins il y aura tousjours vne difference infinie entre sa dureté et vne dureté parfaitte et ainsi cette difference sera tousjours
plus grande qu'aucune difference donnée. Mais adjoute ce sçavant
homme, on peut du moins supposer cette dureté parfaitte et alors
de vostre opinion s'en suivra le mouvement perpetuel qui est vne
chose absurde : Mais je respons qu'il ne faut pas s'etonner qu'en

supposant vne absurdité d'autres absurditez s'ensuivent : et neantmoins cela ne sçauroit detruire la verité qui repugne à toutes ces absurditez : car vne dureté parfaite est tout aussi impossible que le mouvement perpetuel.

Ie viens au second cas, par ou Mʳ L. a tasché de prouver la possibilité de ce transport de force dont nous disputons; supposons, dit-il, vn corps cylindrique NL, fig. 23, qui entre en partie dans le cylindre creux RP et y presse l'air : apres quoy on peut oster tout d'un coup la partie LM qui n'est pas encor entrée : et alors l'air comprimé en RQ deploie contre la petite partie NM toute la force qu'il a receue du corps entier : par ce moien donc cette force se trouve transportée du grand corps NL dans le petit corps NM. J'ay respondu à cela que toute la force du corps NL ne se transporte pas dans l'air comprimé, mais que la plus grande partie passe dans la matiere qui est la cause du ressort des corps qui, comme je l'ay dit cy dessus, presse continuellement les ressorts; et qui, par consequent, doibt estre repoussée lors qu'on bande les ressorts : apres donc qu'on aura osté la partie ML, l'autre partie NM sera repoussée si facilement et avec tant de vitesse, que la matiere qui cause le ressort des corps n'aura le temps de luy communiquer qu'une partie de la force receue du corps NL, et le reste de cette force demeurera dans ladite matiere qui cause le ressort des corps : Dans ce second cas, donc, on ne pourra point encor venir à bout de faire passer toute la force d'un grand corps dans vn plus petit.

Je crois donc avoir suffisamment respondu aux objections proposées contre la maniere ordinaire d'æstimer les forces mouvantes : et j'aurois pu me dispenser d'entreprendre moi mesme de prouver puisque je soutenois vne opinion desjà receue de tout le monde : mais neantmoins pour confirmer dautant plus la verité j'ay aussi entrepris de la demonstrer de la maniere qui suit. Premierement j'ay donné vne definition incontestable de l'egalité de forces : c'est à sçavoir que, *de deux corps en mouvement celuy qui peut vaincre le plus de resistence est le plus fort, mais si l'un n'en peut pas vaincre plus que l'autre leurs forces sont egales :* Par cette definition j'ay prouvé que sur des plans egalement inclinez les forces mouvantes sont entre elles comme les temps durant lesquels vn corps peut monter : la raison est que le nombre des coups de la matiere qui fait la pesanteur depend de la quantité du temps : or ces coups la sont la seule chose qu'on sçache jusqu'ici qui oste la force aux corps qui montent, car on fait abstraction de la resistence de l'air ; il sensuit donc que, par exemple, vn corps qui monte durant quatre temps n'emploie que le quadruple de la force qu'il luy faudroit pour monter pendant vn temps : parce que il ne surmonte que le quadruple de cette resistence qui est la seule cognue, comme j'ay desjà dit : il s'ensuit aussi que, par exemple, vn corps dont le poids est 1 et la vitesse 4 : a tout autant de force comme un corps dont le poids est 4 et la vitesse 1. Car ledit poids 1 montera durant 4 temps et ainsi il recevra des coups quatre fois plus nombreux ; et le poids 4 ne montera que durant 1 temps, mais il recevra des coups quatre fois plus forts : puis donc que la force de ceux cy recompense exactement l'avantage que les autres auroient par leur nombre, il sensuit que ces deux corps en montant surmontent la mesme quantité de resistence : et que par consequent ils ont des forces egales.

Monsieur L respondit qu'il ne falloit pas simplement considerer si les coups sont egaux ; mais aussi qu'il falloit voir s'ils sont egalement contraires ? ou autrement si ce qu'ils produisent sur le patient est tout égal : et quelle quantité de force ils produisent ou detruisent sur ledit patient? Alors je le fis souvenir de ce qu'il asseure en plusieurs endroits, *qu'il y a entre la cause et l'effet vne egalité qui ne se peut violer en aucune maniere* : quand donc nous avons des coups egaux en force et en nombre qui agissent sur des patients disposez de la mesme maniere, il est necessaire qu'il avoue que les effets qui seront produits sur les dits patients seront absolument egaux : Or, si vne certaine quantité de coups donnée a vn corps dont le poids est 4 et la vitesse 1 est capable de detruire en vn temps toute la force dudit corps : L'expérience fera voir qu'en agissant contre vn corps dont le poids est 1 et la vitesse 4, cette mesme quantité de coups dans l'espace de quatre temps detruira aussi toute la force de ce deuxiesme corps ; donc, selon les Principes de Mr L. luy mesmes, il faut avouer que ces deux forces estoient tout à fait egales, puisqu'il aura fallu des quantitez de coups absolument egales pour les detruire : et que les patients auront aussi esté disposez de mesme maniere, les plans estants egalement inclinez.

Monsieur L. apporta donc vne autre raison pour soutenir que dans ce cas les patients ne sont pas disposez de mesme maniere : en disant que l'un va plus viste que l'autre : mais cette response ne me paroist point du tout valable : puisque dez le commencement de la dispute j'avois remarqué que ces sortes de vitesses sont si petites qu'on doibt les conter pour rien et que ces corps peuvent tous estre considerez comme s'ils etoient en repos : Pour donner plus de force à sa response il me fit remarquer que si l'un de ces corps estoit tout à fait en repos alors à son egard il n'y auroit plus d'efforts opposez et la contrarieté cesseroit tout à fait.

Mais pour moi je soutins que la contrarieté demeure tousjours la mesme : Car il faut tout autant de force pour donner à vn corps de nouveaux degrez de vitesse que pour luy en oster de ceux qu'il a desja : et la contrarieté consiste vniquement dans la vitesse avec la quelle le coup se donne : Ayons, par exemple, deux corps egaux qui se meuvent l'un directement contre l'autre chacun avec vn degré de vitesse : on voit bien que la vitesse du choc sera de deux degrez : on pourroit dire la mesme chose si l'un de ces corps estoit en repos et que l'autre allast le frapper avec deux degrez de vitesse : la vitesse du choc seroit encor la mesme si l'un de ces corps avançoit avec vn degré de vitesse et que l'autre le suivist directement avec vne vitesse de trois degrez : Or, si nous exami-

nons ces trois differents cas suivant la quatriesme reigle que
Mons. Hugens a fait imprimer dans les journaux des sçavants à
Paris l'an 1669 nous verrons qu'il arrive tousjours la mesme quantité de changement dans ces mesmes corps, soit que ils s'entre-
chocquent directement, soit que l'un des deux soit en repos; ou
soit que tous deux aillent du mesme costé, pourvu seulement que
la vitesse du choc soit tousjours la mesme, comme je l'ay representée. Il est donc clair que le reposn'empesche pas la contrarieté,
comme Mr L. se l'imaginoit, puisque les corps mesme, dont les
mouvements concourent vers le mesme costé, ne laissent pas de
se contrarier et de produire du changement l'un sur l'autre.

Or il faut avouer qu'à parler à la riguer, les corps qui montent
souffrent, de la part de la matiere qui fait la pesanteur, des coups
plus forts que les corps en repos : Car il faut ajouter la vitesse du
corps qui monte avec la vitesse de la matiere qui fait la pesanteur :
afin d'avoir la vitesse totale dont ces coups là sont frappez : mais
cette difference est si petite que dans la pratique elle ne sçauroit
produire aucun effet sensible : et l'on peut tousjours asseurer que
les corps qui montent peuvent estre estimez comme en repos.

Car supposons, par exemple, qu'un corps qui monte ayt vne vitesse d'un degré tel que la matiere qui cause la pesanteur en a
100,000 degrez : il s'en suivra que la vitesse du choc sera 100,001,
mais si le corps estoit en repos laditte vitesse du choc seroit simplement 100,000. or il est vrai que cette difference n'est pas tout à
fait rien ; mais on doibt pourtant la conter pour rien dans la pratique : car on pourroit avoir cette difference encor beaucoup plus
grande sans qu'elle pust apporter aucun changement sensible dans
le succes des experiences.

Il est donc constant que *les coups, donnez par une matiere dont
la vitesse est incomparablement plus grande, ne sont pas sensiblement moins contraires à vn corps qui va lentement à l'encontre,
qu'à vn qui y va vn peu plus viste.*

Et ainsi, sans pecher contre la Logique, j'ay prouvé qu'un corps
du poids de 1 livre, mais dont la vitesse est 4 en montant durant
quatre temps surmonte tout juste autant de resistence comme vn
corps du poids 4 livres mais dont la vitesse est 1, en surmonte en
montant durant vn temps. Or on a desja vu combien il est facile
de prouver par là que les forces de ces deux corps sont egales :
et c'est là ce que Mons. L. avoit entrepris de refuter.

J'adjouteray encor icy en passant que le fameux Mons. L. m'a
encor fait vne autre objection : c'est que j'avoue que toute la force
peut passer d'un petit corps en vn plus grand et qu'il faut, par
consequent, que j'avoue aussi que la force peut passer d'un grand
dans vn plus petit : car il faut que la cause et l'effet puissent se
substituer l'un en la place de l'autre. Sur cela je luy ay marqué en
quel cas il est possible que toute la force passe d'un petit corps
dans vn grand : et je luy ay en mesme temps montré que la subs-
titution ou le retour de cette mesme quantité de force dans le petit
corps se peut aussi en suitte fort bien faire, sans que pourtant le

mouvement perpetuel doive s'ensuivre delà : et ainsi ce scavant homme n'a pas fait davantage d'instance sur cela.

Voilà les principales choses que j'ay cru devoir extraire de toute nostre dispute, et j'ay prié le fameux Mons. L. de daigner aussi faire vn tel abregé ; afin que les Lecteurs puissent voir dautant plus seurement tout ce qu'il y a pour et contre dans chacune des opinions : car je crois que cette matiere merite extremement d'estre examinée : puisque c'est le fondement de toute la Physique. Et ce n'est point icy vne dispute de mots ; mais il s'agit des choses mesmes : ainsi, par exemple, sur la Quæstion sçavoir si les corps qui se chocquent peuvent souffrir diminution de la somme de leur mouvement parce que quelque partie de mouvement se detruit tout à fait ? Mons. L. tient l'affirmative ; et nous la negative, parce que nous croions fermement qu'aucune quantité de mouvement ne scauroit se detruire : voiant donc que par le choc de deux corps il arrive souvent que la somme du mouvement de ces deux corps se diminue, cela nous sert d'une preuve pour conclurre qu'il y a vne matiere qui est la cause de la dureté et du ressort des corps : et que c'est dans cette matiere que demeure ce mouvement que d'autres s'imaginent avoir esté detruit. Nous avons aussi vu qu'en supposant la verité de nostre sentiment, et l'impossibilité du mouvement perpetuel, il faut necessairement qu'une matiere parfaittement dure soit vne chose absolument impossible : et ainsi cette question estant bien eclaircie servira à mettre dans un beau jour quantité de veritez tres importantes dans la Physique.

Il y a quelques années que j'envoïay cet abregé à Mess. les autheurs des Act. erud. de Lipsik, les priant de vouloir bien l'inserer dans les Actes ; mais parce qu'il est arrivé par je ne scay quel malheur, que cette pièce n'a point encor esté mise au jour : I'ay cru devoir la publier icy vn peu plus au long afin qu'elle puisse estre entendue par ceux mesme qui n'avront pas en main les Actes de Lipsik.

Lettre ,

*Touchant les instruments à conserver la flame soubs l'eau,
contre les objections de Monsieur Scarlet.*

A MONSIEUR

le Colonel Du Rosay

Conseiller de S. A. S. de Hesse et Gouverneur du Prince
Hereditaire.

Monsieur,

Voiant le plaisir que vous prenez à vous pourveoir de divers intruments fondez sur la pression de l'air et l'equilibre des liqueurs :

et scachant que, non obstant l'importance et l'eclat de vos occupations, vous daignez prendre la peine de penetrer toutes les raisons des phœnomenes qu'on observe dans ces machines, aussi bien que les autres veritez que l'on a depuis peu decouvertes dans l'etude de la nature : j'ay esperé, Monsieur, que vous n'aurez pas desagreable que je me donne l'honneur de vous entretenir sur quelques instruments qui peuvent avoir des usages considerables et vous fournir occasion d'exercer vn peu vostre discernement et vos lumieres à examiner mes propositions, comment elles ont esté combattues, et les raisons que j'allegue pour me deffendre : d'ou vous pourrez sans doute conclurre ensuitte fort seurement quelle est la meilleure maniere de construire ces machines et quelles precautions il faut prendre pour s'en servir avec success. Mais, Monsieur, je crois devoir encor, avant d'entrer en matiere, vous dire icy que j'avois donné ces machines au Public dez l'annee 1689, dans les Actes de Lipsik, page 485 : et j'y avois joint divers vsages considerables qu'on peut aussi en tirer : En suitte de cela, Mons. Scarlet publia des objections contre l'un de ces instruments dans les Actes de Lipsik de l'annee 1690, page 531. Sur cela moy qui ne trouvay pas ses difficultez difficiles à surmonter, je crus devoir prendre garde que les lecteurs, par des craintes mal fondées, ne fussent empeschez de mettre en usage ces instruments que j'avois communiquez ; ou qu'ils n'y apportassent quelques changements que Mons. Scarlet conseillait, mais que je jugeois propres à en empescher le bon success ; j'ecrivis donc à Mess. les Autheurs des Act. Erud. pour les prier d'inserer dans les Actes vne piece que je leur envoyois pour respondre à ce que Mons. Scarlet avoit escrit contre moy.

Mais je ne sçays par quel malheur il est arrivé que ce dernier ecrit a esté ou perdu ou oublié : et cela m'oblige à vous supplier, Monsieur, de ne desapprouver pas que je donne aussi cette lettre au Public : parceque non seulement je crois que elle ostera les scrupules que Mons. Scarlet pourroit avoir jettez dans les esprits, mais qu'elle contient aussi quelques nouvelles observations et experiences que j'espere ne devoir estre ni inutiles ni desagreables à la plus part des Lecteurs : et pour en faciliter l'intelligence, je crois devoir premierement donner icy la description des instruments ou au moins de celuy que Mons. Scarlet a entrepris de combattre.

AA, fig. 24, est vn vaisseau de verre dont on ferme l'ouverture avec le couvercle BB qui s'y trouve incontinent retenu et pressé par le ressort CCCC : il faut en mesme temps faire jouer le soufflet DD qui a des soupapes ajustées en sorte que le vent est bien poussé dans le vaisseau AA par le tuyau EEEE, mais il ne scavroit retourner par le mesme chemin : si bien qu'il est oblige de sortir par le tuyau FF emportant avec soy les fumees de la chandelle ; cette chandelle donc reçoit continuellement de nouvel air qui entretient la flame aussi long temps qu'on le juge à propos.

Or comme le vaisseau AA est exactement fermé de tous costez

on peut l'enfoncer soubs l'eau sans danger d'eteindre la chandelle, pourvu que le tuyau FF ayt tousjours son ouverture d'en haut au dessus de l'eau : et comme la longueur de ce tuyau aussi bien que celle du tuyau EEE se peut augmenter autant qu'on voudra, il est manifeste qu'on peut enfoncer ledit vaisseau AA à telle profondeur qu'on jugera nécessaire.

Contre cette machine, Mons. Scarlet a proposé quatre difficultez que je crois qu'il seroit inutile de rapporter tout au long parce que on les peut voir dans le lieu cité cy dessus : et qu'on pourra en avoir vne cognoissance suffisante par le moien des reponses que j'ay à y faire.

La première difficulté de Mons. Scarlet concerne le couvercle BB, qui doibt estre si bien ajusté sur le vaisseau de verre que l'eau ne puisse dutout y entrer: car Mons. Scarlet croit que ce sera vne chose fort difficile, c'est pourquoy il conseille qu'on fasse plustost vne lanterne de cuïr avec quantité de trous qu'on garnira de verres.

Mais moy je respons qu'une telle lanterne de cuir serait sujette a estre comprimée par le poids de l'eau ou elle seroit enfoncée, et qu'ainsi elle changeroit vn peu de figure: et par consequent il y auroit grand danger que les verres qui seroient bien ajustez hors de l'eau, ne fermeroient plus exactement quand i's y seroient enfoncez.

Mais, Monsieur, pour ce qui est des vaisseaux de verre comme ceux que j'emploie, on les peut fermer auec la derniere exactitude, comme je le puis prouver par vne experience que j'ay vue fois faitte chez l'illustre Monsieur Hugens, avec qui vous avez tant de liaison par vne estime mutuelle. Ce grand homme m'avoit fait préparer un vaisseau de verre fort espaix, avec vn couvercle qui s'y appliquoit si exactement, que j'y pouvois ensuitte faire entrer soixante fois plus d'air qu'il n'y en avoit à l'ordinaire, et cela se cognoissoit fort bien par le moien d'vn petit instrument appellé epreuve que nous avions enfermé dans ce verre ; et enfin ce verre se rompit avec tant de bruit, que les gens du logis creurent que c'estoit quelque grenade qui s'estoit crevée et vinrent des autres chambres pour sçavoir d'ou estoit venu ce bruit; et quoique la pression dans ce verre eust esté si grande, il ne s'echappoit pourtant rien par l'endroit ou le couvercle s'appliquoit sur l'ouverture, comme Mr Hugens vous en peut rendre temoignage : car il avoit pris ses precautions pour pouvoir sans danger observer ce qui se passoit dans ce verre. Vous voyez donc, Monsieur, que pour ce qui est de la première difficulté de Mons. Scarlet, la lanterne de cuir qu'il a voulu donner comme vn remede, est beaucoup moins bonne que celle de verre dont je m'estois servi.

Mons. Scarlet, dans sa seconde objection, attaque ce que j'avois dit que cette lanterne estant enfoncée dans l'eau pourroit attirer dans les filez les poissons qui d'ordinaire vont ou ils voient la lumiere, et dit qu'il seroit dangereux et de grands frais de faire jouer nos soufflets par quelque persone, parce que les barques des pescheurs seroient obligées de demeurer en mer toute la nuit; mais pour moy je ne vois pas comment cela augmenteroit le danger de la pesche, car on sçayt que c'est vne chose fort ordinaire que les barques de pescheurs passent en mer les nuits entieres. Pour ce qui est de la depense elle ne sera pas grande, puisque les pescheurs qui doivent estre tousjours presents à la pesche, n'auront qu'à mener avec eux quelque petit garçon qui feroit jouer les soufflets qui seroient placez dans la barque. J'avoue pourtant qu'il seroit plus commode si on pouvoit conserver la flame sans soufflets en se servant seulement de deux tuyaux par l'un desquels l'air entreroit dans la lanterne, et par l'autre les fumées sortiroient, suivant la methode que Mons. Scarlet propose.

Mais, Monsieur, j'avois desjà essayé cela avant de recourir aux soufflets ; mais l'expérience m'a tousjours fait voir que la chandelle s'eteignoit fort viste : ce qui fait voir que la raison qui fait que le feu qui brusle soubs la cheminée attire l'air des autres costez, c'est que l'air qui est rarefié dans le tuyau de la cheminée pese moins que les autres columnes d'air qui ne sont pas rarefiées de mesme : ainsi donc la columne dans la cheminée est forcée de ceder au poids des autres, et il faut qu'il vienne tousjours de nouvel air au bas de la cheminée, ce qui entretient le feu. Mais dans nostre instrument la chaleur que la chandelle produit dans l'air est tres petite, tant à cause de la petitesse de la flame qu'à cause du refroidissement que cause l'eau qui environne les tuyaux : et ainsi il ne sçauroit y avoir de difference sensible, quant à la chaleur, entre les deux differentes columnes d'air : il n'y a donc aucune raison qui puisse donner vn cours à l'air. Je crois donc qu'à cet egard la proposition de Mons. Scarlet doibt estre non seulement moins estimee que la mienne, mais qu'elle doibt estre tout à fait rejettee.

La troisiesme chose à quoy Mons. Scarlet trouve de la difficulté, c'est de prendre garde que l'air dans les tuyaux ne se change en eau. Mais pour moy je suis fort asseuré que cette difficulté qu'il conte pour la plus grande de toutes n'est pourtant rien en effet : car l'illustre Mons. Boile a fort bien fait voir que l'air ne sçauroit se changer en eau, comme Mons. Scarlet l'observe luy mesme dans la suitte : et tant s'en faut que l'air poussé dans les tuyaux avec le soufflet puisse en fin, par vne espece de distillation, etouffer la chandelle ; qu'au contraire, si la lanterne estoit humide en dedans, cette circulation d'air la secheroit, parceque le vent emporte tousjours avec luy quelques parties d'eau, comme cela se voit tous les jours par experience.

Il faut donc bien se garder de craindre ces sortes de difficultez jusques au point de rejetter la lanterne de verre pour en prendre vne de cuir qui seroit bien plus difficile à faire et moins seure pour l'usage.

Il ne reste plus que la quatriesme objection que Mons. Scarlet n'a pourtant pas distinguée de la troisiesme : c'est qu'il craint que, quand mesme on pourroit empescher que l'eau qui se distille dans la lanterne n'etouffast la flame, il ne se trouvast pourtant tous-

jours que l'air qui viendroit par les tuyaux ne fust mal propre à
conserver la flame à cause de sa trop grande humidité. Mons. Scarlet ne fournit aucun remede à cet inconvenient ; car, tout au contraire, le cuir qu'il conseille d'emploier estant moins propre à condenser et retenir les parties d'eau, devroit laisser l'air plus humide et moins propre à entretenir la flame. Mais il n'y a aussi
aucun danger en cela : car, comme je l'ai desja dit, les tuyaux durant l'operation ne deviendroient point du tout humides, et par
consequent n'humecteroient point l'air qui y passeroit ; et quand
mesmes il y auroit de l'humidité dans les tuyaux ou dans la lanterne
AA, il ny auroit pourtant encor rien à craindre.

Pour prouver cela, j'ay fait l'experience qui suit : J'ay mis dans
le verre AA vne si grande quantité d'eau que le bout du tuyau par
ou l'air entre y estoit enfoncé à la profondeur de deux pouces,
en sorte que tout l'air devoit passer à travers de cette eau avant
de pouvoir venir à la flame : et afin que l'eau pust plus facilement
s'elever en vapeurs et humecter l'air, je chauffay non seulement
cette eau, mais aussi l'eau du dehors dans quoi la lanterne estoit
enfoncée ; si bien que la chaleur devoit se conserver fort long
temps, et alors je vis que l'air qui passoit par cette eau chaude,
comme le sang qui circule dans le cœur, ne contractoit pourtant
pas assez d'humidité pour le rendre incapable de nourrir la flame
de la chandelle ; Car pendant vn fort long temps je vis que la chandelle continua de brusler de mesme maniere que quand il n'y avoit
aucune humidité dans le vaisseau AA.

Cette experience servit aussi tout d'un temps à faire voir que
les personnes, de qui Mons. Scarlet parle, se sont fort trompées
d'avoir cru que c'est l'excess d'humidité qui fait que l'naleine des
hommes n'est pas propre à entretenir la flame : Car on voit que
l'air qui est poussé par vn soufflet, quoy qu'il soit aussi humide
que l'haleine, sert pourtant fort bien à nourrir la flame. J'avois
desjà prouvé cette verité par experience dans les Actes de l'année
1689 au mois de septemb., mais j'ay pourtant esté bien aise de
pouvoir encor la confirmer icy : parce que cela peut beaucoup contribuer à faire bien cognoistre le veritable vsage de la respiration
et la nature du feu : en faisant voir que ce n'est point par l'humidité, mais par quelque qualité veneneuse que l'haleine esteint la
flame : mais ce n'est pas ici le lieu de traiter à fonds cette matiere ;
Je remarqueray donc simplement que, quoy que l'haleine ait vne
qualité veneneuse pour esteindre la flame, on peut pourtant allumer le feu en s.ufflant avec la bouche, parceque le souffle ne va
pas toucher le feu immediatement, mais il pousse l'air qui est en
chemin : et ainsi il se trouve assez d'air pur pour la conservation
du feu.

Il faut que je fasse voir à present que la contradiction dont
Mons. Scarlet m'accuse n'est pas en effet vne contradiction : car
quoy que j'asseure que l'air ne sçauroit jamais se condenser en
eau en passant par des tuyaux froids et fort longs : Et qu'en effet
on voit que des vaisseaux pleins d'air et bien bouchez peuvent de-

meurer tant qu'on veut exposez au plus grand froid sans que l'air
perde son ressort qui luy fait remplir son verre tout aussi bien au
haut qu'au bas, et sans qu'il se condense en vne liqueur sensible;
Cela n'empesche pourtant pas que les fumées du soulfre allumé
ne puissent fort bien, comme je l'ay dit, se condenser en vne liqueur acide que nous appellons esprit de soulfre, parceque ces
fumees sont beaucoup plus pesantes et de toute autre nature que
l'air, comme cela se peut prouver par des experiences incontestables.

Les objections de Mons. Scarlet ne doivent donc point aussi
empescher qu'on n'employe nostre machine à l'vsage que je lui ay
attribué pour la distillation des esprits de soulfre.

Il me reste de dire vn mot des verres qui servent à jetter la lu-
mière plus loing, et dont M. Scarlet croit que l'vsage seroit préférable à ma lanterne de verre; Et sur cela je me contenteray de
remarquer que ces sortes de verre n'augmentent pas la lumiere,
mais simplement qu'ils la détournent d'un costé à l'autre, et qu'autant qu'ils augmentent la lumiere vers vn endroit, autant ils diminuent celle qui doibt eclairer les autres lieux : comme donc nous
ne sçavons point en quel lieu sont les poissons, il est inutile de
travailler à eclairer vn endroit plus que l'autre : et ainsi ces verres
qui donneroient beaucoup de peine à preparer, feroient pourtant
presque autant de mal que de bien.

Je crois donc, Monsieur, avoir suffisamment prouvé que ces instruments que j'ay publiez dans le lieu cité cy dessus, ne sont pas
si imparfaits comme Mons. Scarlet s'est imaginé: Et quand mesmes le phosphore liquide de Mr. Elzotius seroit conduit à sa derniere perfection, ils ne cesseroient pas pour cela d'estre vtiles,
car quoy que ce phosphore pust estre plus commode pour la pesche, il y auroit pourtant encor beaucoup d'autres vsages plus considerables pour les quels on ne se pourroit passer des soufflets ou
des pompes que j'ay proposées. En effet, Monsieur, dans l'ecrit
publié dans les Actes, l'an 1689, page 485, j'ay fait voir comment
ces pompes pourroient s'appliquer fort advantageusement aux clo-
ches plongeantes, parceque, par leur moien, on presseroit continuellement l'air dans la cloche, et qu'ainsi on chasseroit l'eau par
l'ouverture au bas de la cloche : Ce qui feroit qu'elle demeureroit
tousjours à peu pres en equilibre avec l'eau, en sorte que les plon-
geurs la pourroient transporter facilement d'un lieu à l'autre selon le besoing qu'ils en auroient : Au lieu que pour l'ordinaire l'eau
monte jusques à vne hauteur considerable dans la cloche, ce qui
la rend extremement pesante. Cette eau qui entre dans la cloche
cause encor vne autre grande incommodité : c'est que elle couvre
le fonds de l'eau et empesche qu'on n'y puisse voir et travailler à
diverses choses qu'on peut souhaitter; Mais par le moien de nos
pompes la cloche demeurant tousjours vuide, on pourroit faire
qu'elle s'appuyeroit tout à fait à terre, et que le fonds de l'eau demeurant sec en cet endroit, on pourroit y travailler comme à l'air;
et ainsi cela pourroit estre fort vtile, non seulement pour pescher

les choses submergées; Mais aussi pour les bâtiments dont on jette les fondements dans l'eau.

On auroit encor par ce moien la commodité d'y pouvoir entretenir du feu et de la chandelle, et de laisser travailler les gens aussi long temps qu'on voudroit sans qu'il fust besoing de retirer a cloche en haut pour y donner de l'air frais ; ce sont là toutes des utilitez qu'on ne sçauroit attendre du phosphore : Et, puisque Mons. Scarlet n'a point formé de objections contre tout cela, il y a lieu de croire qu'il n'y a trouvé aucunes difficultez ni aucune perfection à y adjouter, puisque ce sont des choses plus importantes et plus dangereuses que celles sur quoy il a bien voulu me faire l'honneur d'écrire ses observations pour l'utilité publique.

Voila, Monsieur, ce que j'ay cru pouvoir me donner l'honneur de soumettre à des yeux aussi eclairez que les vostres : je vous supplie tres humblement de le recevoir, non seulement comme vn effet du desir d'exciter les grands genies à mediter sur des matieres qui peuvent estre utiles au public : Mais aussi comme vne marque de la passion que j'ay d'acquerir quelque place dans vostre souvenir et, s'il se pouvoit, dans votre estime. Je suis avec vn profond respect,

Monsieur,

Vostre tres humble et tres
obeissant Serviteur.

Defcription

du

Batteau plongeant.

Le Batteau plongeant de Drebellius a fait tant de bruit dans le monde, tant d'Autheurs en ont parlé, et il semble qu'on en doibt attendre tant d'vsages de si grande consequence, que S. A. S. CHARLES, Landgrave de Hesse, n'a pas dedaigné de faire travailler à perfectionner cette Invention. Mais pour la rendre d'un bon vsage il y a vne grande difficulté : c'est d'y faire entrer de l'air frais qui puisse fournir à la respiration des hommes qui sont dans le Batteau : On dit donc que pour cet effet Drebellius avoit trouvé moien de preparer vne certaine quint essence d'air par le moien de la quelle il pouvoit rendre à l'air vsé ses forces perdues; en sorte qu'il redevenoit propre à la respiration et à entretenir le feu, et qu'il suffisoit de respendre seulement vne goutte de cette liqueur dans l'air enfermé et desjà presque tout à fait mal propre pour la respiration, et tout d'un coup on sentoit vn changement d'air merveilleux, et la respiration devenoit aussi facile et aussi agreable que si l'on eust esté sur quelque belle colline.

Mais il y a grande apparence que cette preparation d'une quint
essence d'air a esté l'objet des voeux plustost qu'une production
reelle des beaux arts de Drebell : et s'il avoit eu effectivement vn
tel secret, on auroit deub mettre sa Machine en vsage ; Mais man-
quant de moiens pour fournir l'air necessaire à la respiration, son
Batteau ne pouvoit servir à faire d'experiences que pour la curiosité ; j'ay donc eu l'honneur de travailler par ordre de S. A. S.
pour tascher de remedier à cet inconvenient, comme on verra par
la description qui suit.

ABC, fig. 25, est vn vaisseau parallelipipede fait de fer blanc
dont la hauteur est 5 ¾ de pied ; la longueur BC, 5 ½, et la largeur CD, 2 ½ pieds. Ce vaisseau fut fortifié de tous costez avec
des barres de fer tres fortes.

EE est vne ouverture au haut du vaisseau si grande qu'un homme y peut passer commodement. Mais ceux qui sont vne fois entrez peuvent fermer fort exactement cette ouverture avec vne
placque preparée pour cet effet, et qui s'applique fortement avec
des vis.

FF sont d'autres ouvertures au fonds du vaisseau, destinées à
passer les rames ; c'est aussi par là qu'on peut toucher les vaisseaux ennemis et les ruiner en diverses manieres. Il faut fermer
ces ouvertures de mesme que la grande ouverture EE.

GG est vne pompe dont le manche du piston IL est creux en
dedans et passe au travers du dessus du vaisseau et y est fortement soudé ; à l'extremité L est attaché vn tuyau de cuir garni en
dedans d'un fil de fer tourné en vis pour soutenir les costez du
tuyau de cuir et empescher que l'eau, par son poids, ne puisse les
comprimer.

A l'autre bout de ce tuyau de cuir doibt estre attachée vne ves-
sie pleine d'air ou quelque autre corps leger, afin que l'ouverture
dudit tuyau puisse tous jours flotter audessus de l'eau et recevoir
l'air exterieur. Il faut pendre des poids au bas de la pompe GG, et
verser par l'ouverture d'en haut de l'eau pour couvrir le piston et
empescher l'entrée à l'air.

La pompe est tirée en bas par la force des poids qui y sont attachez et alors l'air doibt necessairement entrer dans cette pompe
par le tuyau LI : Car la soupape du piston est disposée pour laisser entrer l'air ; alors il faut, par le moien de quelque espece de
poulie, repousser en haut la pompe GG avec les poids qui luy sont
attachez : et l'air qui estoit entré sera obligé de sortir par l'ouverture K qui est aussi garnie d'une soupape disposée pour cet effet :
ainsi donc en faisant jouer la pompe on pourra tousjours faire
entrer de nouvel air dans le vaisseau ABC pourvu que le tuyau de
cuir attaché à l'ouverture L soit assez long pour que son autre extremité passe au dessus de la superficie de l'eau.

Quand on met ce vaisseau à l'eau il faut fermer exactement ses
ouvertures de dessoubs, mais l'ouverture EE qui est au dessus
doibt estre ouverte ; Et apres que les hommes sont entrez, il faut
qu'ils prennent avec eux trois ou quatre mille livres de plomb, les

quelles jointes aux poids qui auront premierement esté attachez
aux crochets de fer qui avancent av bas du vaisseau, feront que le
dit vaisseau sera presque en equilibre avec vn volume d'eau pareil.

Alors ayant fermé l'ouverture supérieure EE, il faudra faire
jouer la pompe jusques à ce que, par le moien d'un Barometre
qui y doibt estre enfermé, on voie que l'air est condensé autant
qu'il peut estre par vne hauteur d'eau egale à la hauteur du vaisseau, c'est à dire environ de six pieds; or comme le diametre de la
pompe est de 5 pouces, et que le piston y parcourt à chaque fois
environ 9 pouces, cent succions suffisoient pour comprimer l'air
jusques à vn tel degré dans nostre vaisseau : Et la pompe estoit
si bien faitte, si bien ajustée et disposée avec tant de precautions,
que les succions se faisoient chacune en 2 secondes de temps :
d'où il s'ensuit que en 4 minutes de temps on pouvoit reduire l'air
au degré de compression qui luy estoit necessaire pour ce vaisseau. On auroit pu alors ouvrir les trous FF sans danger que l'eau
y entrast : puisque au contraire c'estoit par là que deuoit sortir
l'air qui estoit continuellement attiré par la pompe. Il auroit alors
fallu puiser de l'eau par ces trous pour rendre le vaisseau plus pesant jusques à ce qu'il commençeast de s'enfoncer ; et cela se seroit aisement cognu par le Barometre, ou bien par ce que l'eau se
seroit haussée dans les tuyaux soudez aux trous FF : alors il auroit fallu rejetter vn peu d'eau de dedans le vaisseau, afin qu'il de-
meurast tous jours vn peu plus leger qu'un volume d'eau pareil :
Et ayant passé les rames par les trous FF, on auroit pu en ramant
pousser le vaisseau vn peu vers en bas, et ainsi le faire descendre
à la profondeur qu'on auroit jugé à propos.

On pourroit icy m'objecter que, lorsque le vaisseau descend à
vne plus grande profondeur, la pression de l'eau s'augmente et
doibt reduire l'air dans vn plus petit espace : Et ainsi il y entreroit d'autant plus d'eau qui augmenteroit encor son poids et le faisant descendre plus viste, augmenteroit tous jours de plus en plus
la pression : si bien que le vaisseau devroit s'enfoncer tout à fait
jusqu'au fonds de l'eau. Mais je puis facilement lever cette crainte
en remarquant que les trous FF ne sont pas de simples trous, mais
qu'il y a des tuyaux passablement longs qui y sont soudez : ce qui
fait que le vaisseau peut s'enfoncer plus bas sans que l'air qui y
est enfermé souffre plus de compression : Car l'eau qui monte dans
les tuyaux aux trous FF resiste par sa hauteur à l'augmentation
de hauteur qu'acquiert l'eau qui presse par de hors : Et comme on
fait jouer la pompe beaucoup plus viste que ce vaisseau ne peut
descendre, il faut que le nouvel air qui entre dans le vaisseau repousse bien viste l'eau montée dans les tuyaux FF : et ainsi le
vaisseau doibt tousjours demeurer plus leger que l'eau : Et, à
moins qu'on n'eust soing par le mouvement des rames, de le pousser vn peu vers en bas, il remonteroit tousjours à la superficie.

Quand on cognoistroit par le barometre que le vaisseau seroit à

5

la profondeur qu'on souhaitteroit : que, par exemple, les trous FF
seroient à la profondeur de 10 pieds au dessous de la superficie de
l'eau, il faudroit alors reigler le mouvement des rames en sorte
qu'elles ne feissent pas descendre le batteau plus bas mais qu'elles le mainteinssent à cette mesme hauteur : on pourroit alors ouvrir au vaisseau autant de trous qu'on voudroit, et mesme d'assez
grands pour passer vn homme s'il estoit besoing : Mais ceux par
ou passent les rames suffiroient pour ruiner les vaisseaux ennemis dans leurs ports mesmes sans qu'ils peussent le prevoir, surtout si on choisissoit le temps de la nuict pour executer de telles
entreprises.

Quand on auroit ensuitte reconduit le vaisseau à vne si grande
distance des ennemis qu'il n'y auroit plus de danger de paroistre
au dessus de l'eau et qu'on auroit vn grand voiage à faire, il faudroit premierement jetter toute l'eau hors du vaisseau afin qu'il
pust remonter plus haut et plus viste : et ayant fermé les trous
FF il faudroit ouvrir la grande ouverture EE, ce qui pourtant ne
se pourroit faire qu'après avoir laissé sortir l'air comprimé par
quelque trou plus petit ; mais quand l'air dedans le batteau seroit
retourné à n'avoir plus que la pression ordinaire, il seroit facile
d'ouvrir la porte EE, et ainsi on pourrait monter dessus le vaisseau, y dresser des mats et etendre des voiles.

Or ce vaisseau seroit tres ferme en mer et ne seroit point sujet
aux branlements des autres vaisseaux : Car non seulement le bas
du vaisseau estant chargé de plomb auroit vn si grand excess de
pesanteur plus que l'eau, qu'il faudroit des forces extremement
grandes pour le faire monter ; Mais aussi le haut du mesme vaisseau seroit si leger au prix de l'eau dans la quelle il seroit enfoncé
qu'il seroit aussi extremement difficile de le faire pencher vers en
bas ; ainsi donc ce vaisseau seroit tousjours tenu dans vne situation droitte par deux causes extremement fortes, ce qui feroit qu'il
pourroit porter beaucoup plus de voiles, à proportion de sa grandeur,
que les vaisseaux ordinaires : car ceux cy ont vne grande partie de
leur poids hors de l'eau, ce qui fait qu'ils peuvent estre renversez
beaucoup plus facilement, à moins qu'on n'ayt le soing de reigler
la quantité des voiles selon la force du vent. Nostre vaisseau auroit encor cet avantage : que ne paroissant que fort peu hors de
l'eau, il ne seroit que tres peu exposé à la force des vents contraires : et ainsi il seroit bien plus facile de le faire avancer à tous
vents : ce qui fait voir que de petits vaisseaux de cette sorte pourroient faire de grands voiages plus viste et plus seurement que des
vaisseaux ordinaires.

Or il faut avouer que dans de grandes entreprises, comme celle
cy, ce n'est qu'avec beaucoup de peine qu'on peut conduire les
choses à la perfection ; Car, par exemple, cette machine ayant
esté faitte de feuilles de fer blanc, à deub de toute nécessité estre
fortifiée non seulement par de hors avec de fortes barres de fer
pour resister à la force de l'air comprimé au dedans, mais il a fallu
aussi la fortifier en dedans avec des pieces de bois pour soutenir

les costez de la machine et empescher que l'eau qui presse par de
hors ne les enfonce en dedans.

Car il faut remarquer que quand le vaisseau est remonté en
haut et que les hommes voulent ouvrir l'ouverture supérieure, il
faut premierement laisser sortir l'air comprimé ; à moins donc que
les costez ne soient bien affermis il arrivera infailliblement que,
n'estants plus soutenus par cette force qui les estendoit, ils seront
tout d'un coup pressez vers le dedans par l'eau qui les environne ;
le vaisseau diminuant donc de grosseur, et son poids demeurant
tousjours le mesme, il y auroit grand danger qu'il couleroit à
fonds tout d'un coup. Ces raisons ont donc obligé à fortifier cette
machine en dedans et en dehors à diverses reprises : Car les
barres de fer qu'on avait mises au commencement ne se sont pas
trouvées assez fortes pour resister à l'air qu'on pressoit dans la
machine : Enfin pourtant elle estoit achevée et avant de la mettre
à l'eau j'y avois pressé l'air en si peu de temps et si facilement
qu'il sembloit qu'il n'y avoit plus aucun lieu de douter du bon
success : Car on n'avoit aucune difficulté à respirer dans l'air
pressé, et la chandelle ne s'y eteignoit point : Je remarquay seulement que, quand nous voulûmes ouvrir la machine et que nous
laissasmes sortir l'air pressé, nous nous vismes tous environnez
d'un broillard epais qui ne paroissoit point du tout avant que l'air
pressé fust sorti : Mais cela ne pouvoit empescher le bon sucess de
l'experience.

Mais quand il fallut mettre la machine à l'eau, le char-
pentier qui devoit cognoistre la force de ses instruments, se
servit d'vne grue trop foible pour vn si grand fardeau : de sorte
que le crochet de fer qui portoit la machine s'estant rompu elle
tomba et se gasta de telle sorte qu'on jugea plus expedient d'en
refaire vne autre que de raccommoder celle la ; vu principalement
que la prattique, comme il arrive d'ordinaire, avoit fait remarquer
certaines choses dans cette premiere construction qu'on vouloit
corriger dans vne seconde : on a pourtant cru qu'il seroit à propos
de communiquer aussi la description de cette premiere : parceque
la Theorie en est fort bonne : et que toutes les choses bien pensées sont tousjours bonnes à sçavoir : et si elles ne servent à vne
chose elles peuvent servir à d'autres. Mais voicy aussi la seconde
construction.

AA. fig. 26. est vn tonneau de bois de figure ovale dont la hauteur est d'environ six pieds, le grand diametre aussi de six pieds
et le petit diametre de trois. B B est un soufflet de Hesse qui tire
l'air de de hors par le tuyau CC : DD est une grande ouverture qui
sert de porte : EE est vn grand vaisseau cylindrique de cuivre,
dont le diametre est de 15 pouces et la longueur de 6 pieds :
l'ouverture de ce cylindre est dans le tonneau AA, et on la ferme
de mesme maniere que les ouvertures de la machine precedente,
FF est vne pompe par le moien de la quelle les hommes enfermez
dans le tonneau AA peuvent presser l'air dans le cylindre EE,
afin que cet air pressé resiste à l'eau qui feroit effort pour entrer

par le trou G destiné à passer le bras d'un homme enfermé dans le cylindre pour ruiner les vaisseaux ennemis.

Ce qui a fait croire que cette seconde construction seroit preferable à la premiere : c'est que elle est plus facile à faire, et aussi à mettre en vsage : Car premierement, le tonneau AA ne souffriroit aucune pression interieure et il n'auroit besoing sinon d'estre fermé assez exactement pour empescher que l'eau du dehors n'y pust entrer. 2. le fonds en bas ne seroit en aucun danger de se rompre par ce qu'il seroit presques autant pressé par le poids qu'on mettroit dedans comme par l'eau qui presseroit par dehors. 3. le fonds de dessus resisteroit aussi fort facilement à l'eau qui peseroit dessus : parceque il ne descendroit que peu au dessoubs de la superficie de l'eau. 4. le vaisseau cylindrique E E n'auroit pas son ouverture G si bas au dessoubs de la superficie de l'eau comme estoient les trous FF dans la machine decritte cy dessus : et par consequent il ne seroit pas besoing de faire une pression d'air si forte au dedans : et ledit vaisseau EE pourroit resister aisement à cause de la figure cylindrique et il ne changeroit pas sensiblement de grosseur. Cela feroit qu'il n'y auroit qu'à adjouter ou oster vne fort petite quantité d'eau pour faire enfoncer la machine ou pour la faire remonter; au lieu que dans la premiere machine, quoy qu'on l'eust fortifiée avec beaucoup de travail et de dépense, il auroit pourtant tousjours fallu adjouter ou oster vne grande quantité d'eau : parceque sa grosseur auroit toujours esté sujette à s'augmenter et se diminuer beaucoup : et ainsi il auroit fallu que la grande quantité d'eau eust suppleé aux empeschements que ces changements de volume apporteroient quand on voudroit faire enfoncer ou remonter le batteau. 5. comme il n'y doibt avoir aucune pression dans le tonneau AA, vn homme seul par le moien d'un soufflet de Hesse pourroit fournir vne si grande quantité d'air qu'il suffiroit encas de besoing pour la respiration de cent hommes et plus : Et l'air qu'on auroit de trop sortiroit par l'autre tuyau HH sans faire aucunes bulles dans l'eau : il n'est pas non plus mal aisé de faire que l'air pressé dans le cylindre EE retourne de là dans le tonneau AA et que la pression demeure pourtant tousjours au degré qu'il faut dans ledit cylindre EE : et ainsi l'air sortiroit autant qu'il seroit nécessaire sans former aucunes bulles dans l'eau. Le barometre recourbé OOO ouvert des deux bouts, et dont la partie la plus basse peut estre de bois ou de fer, est propre pour montrer dabord infailliblement et exactement combien le vaisseau s'enfonce : et on pourra facilement faire enfoncer ledit vaisseau en y laissant entrer l'eau par quelque robinet : et pour se garder d'estre surpris et qu'une trop grande quantité d'eau n'enfonce tout à fait le vaisseau, il faut avoir deux hommes avec des rames qui fassent continuellement effort pour pousser le batteau en bas : et lors qu'ils remarqueront que cela se peut faire sans grand effort, il faut qu'ils ferment incontinent le robinet : et ainsi qu'ils conservent le batteau vn peu plus leger que l'eau ; mais pourtant en estat d'estre facilement haussé ou baissé par le mouvement de leurs rames. Et il faut que les manches des rames soient passés par des trous aux costéz du vaisseau lesquels on bouche fort exactement avec du cuir, comme on dit que Drebell avoit aussi fait à son batteau. Et quand il faut retourner au dessus de l'eau la chose est fort aisée en partie par le moien des rames et en partie en chassant l'eau par le moien d'une pompe fort bien ajustée pour cet effet.

Voilà donc comment on peut surmonter les plus grandes difficultez qui se rencontrent dans cette affaire qui peut tirer à tant de conséquence : et je crois que cela suffira pour faire voir qu'on pourra encor plus facilement venir à bout des autres choses moins difficiles : comme de conduire le vaisseau pour entrer dans les ports des ennemis et y trouver les vaisseaux et les ruiner de diverses manieres : Je veux donc pour eviter le trop de longueur, m'abstenir de parler de ces sortes de choses : Mais je diray simplement quelque chose du success qu'elle a eu. Apres que la machine fut chargée à peu pres autant qu'il falloit : J'entray dedans avec vn autre homme, en presence de S. A. S. Monseigneur le Landgrave et nous fismes descendre le batteau à environ deux pieds au dessoubs de la superficie de l'eau; Et ensuitte nous remontasmes et cela se reitera diverses fois : Mais, comme il arrive d'ordinaire que dans les premieres expériences il manque tousjours quelque chose, il se trouva que tout n'estoit pas à la perfection ; et principalement la porte DD ne se pouvoit pas encor fermer assez exactement : si bien que nous ne pouvions à chaque fois demeurer longtemps soubs l'eau ni faire les autres choses que j'aurois souhaittées : Je suppliay donc tres humblement S. A. S. de me permettre de faire reparer ces defauts et d'achever de mettre la chose à sa perfection : Mais, comme c'estoit alors la saison de se mettre en campagne et que S. A. S. avoit besoing de ses ouvriers pour d'autres affaires plus pressantes, ce grand Prince eut la bonté de dire qu'il estoit satisfait et qu'il ne voioit aucun lieu de douter que tout le reste de l'experience ne reussist comme on l'avoit proposé : et qu'ainsi il n'estoit pas besoing de s'y donner davantage de peine.

Il me reste d'advertir qu'il manque encor quelque chose à cette invention, au moins pour l'vsage d'entrer dans les ports ennemis pour y ruiner les vaisseaux : Car quoy que il soit vray qu'on pourroit faire beaucoup de diligence avec ces sortes de vaisseaux lorsque le vent est grand et mesme contraire : il est pourtant certain aussi que quand il faudra se cacher et que, pour faire avancer ce vaisseau, on ne pourra se servir que des rames ordinaires qui seront mesmes tout a fait cachées dans l'eau, ce qui en rend l'vsage fort incommode; il est certain, disje, que ce vaisseau si pesant ne pourra estre meu que fort lentement : Et ainsi il y auroit beaucoup de danger que les ennemis ne decouvrissent le vaisseau et ne l'attrapassent avant qu'il fust venu à vne distance assez grande pour pouvoir hardiment paroistre au dessus de l'eau et se servir de voiles : Cela m'a donc aussi fait penser

à une nouvelle maniere de rames qui feroit dès effets extraordinaires et mesmes beaucoup plus que celle dont j'ai parlé cy
dessus dans la lettre à Son Exc. Monseigneur le Comte de
Sintzendorf : et cette nouvelle maniere auroit l'advantage de pouvoir aussi servir aux batteaux plongeants. Mais parceque je n'ay
point encor fait d'experiences sur cela je n'en diray rien davantage pour à present.

---

*Il y a long temps que c'est la coutume de faire imprimer avec les
ouvrages des Professeurs leur harangues inaugurales : On a donc
cru devoir avssi à present suivre cette mode : vu principalement
que dans la harangue qui suit on verra à quelle occasion on a inventé la pompe de Hesse : qui est vne machine dont on peut dire
sans vanité que ses grandes vtilitez la feront toujours estimer
par tout.*

Harangue.

Magnifique recteur,

Et Vous, Messieurs, qui par vostre profonde science et par vos
autres grandes qualitez Vous estes rendus dignes de remplir
les chaires de Professeurs et de composer le Venerable Senat
de cette illustre Academie.

Vous aussi, Messieurs, qui avez daigné me faire l'honneur de
venir icy pour m'ecouter de quelque rang et quelque qualité que
Vous puissiez estre.

Et Vous, Messieurs, qui estes venus dans cette ville pour y
etudier et acquerir les belles cognoissances qui vous rendront capables de remplir les esperances que vos Patries ont conçeues de
vous.

Il s'agit icy de vostre interest à tous : et quoy qu'il semble
qu'estant moy seul monté dans cette chaire et exposé à la veue de
tout le monde je doive aussi moy seul courir le risque du bon ou
du mauvais success : je soutiens pourtant qu'il vous importe aussi
extremement à tous que mon entreprise reussisse. Pour vous
prouver cette verité, Messieurs, je ne veux point avoir recours à
vn langage bien poli, ni au beau stile d'Jsocrate qui, à l'abri des
fleurs de Rhetorique, entreprend de faire passer les petites choses
pour grandes et les grandes pour petites, et ainsi du reste : Mais
je me fais fort, en veritable Mathematicien, de Vous le demonstrer par la seule force et l'evidence de la Raison : je vous
supplie simplement de daigner pour cela m'honorer de vostre
attention favorable.

Ie suis icy, Messieurs, pour commencer les Lectures des
Mathematiques : et Vous sçavez assez de quelle importance sont
ces sciences dans la vie humaine : On cognoist assez les vsages
de la Geometrie qui sert de fondement à toutes les autres parties en nous apprenant les proprietez des grandeurs et les

rapports qu'elles ont les vnes aux autres : et quand on veut la
reduire en practique elle fournit la maniere d'arpenter les champs,
de leuer les plans, de mesurer des distances inaccessibles : et
d'autres choses de cette nature. Elle enseigne aussi à travailler sur
les corps solides, l'art de la couppe des pierres, de geauger les
tonneaux, mesurer la solidité des remparts et autres qu'il seroit
trop long de specifier : mais entre autres c'est sur elle que sont
fondées les reigles de l'Arithmetique et de l'Algebre qui sont
aussi necessaires dans toutes les autres parties des Mathematiques : et dont on ne sçauroit se passer dans les affaires civiles.
Les utilitez de l'Astronomie sont aussi assez cogneues de tout le
monde : puisque c'est par elle qu'on reigle le calendrier, et l'utilité cette chronologie est de si grande etendue qu'il n'y a presque
aucune condition dans la vie humaine qui n'en retire quelque
advantage : C'est aussi par les observations Astronomiques qu'on
a inventé l'art de faire les quadrants au soleil : qu'on fait les cartes
de Geographie ; et qu'on se conduit dans les plus longues naviga-
tions par des routes qu'on n'avoit jamais cognues. Vous sçavez
aussi, Messieurs, les vsages de l'Optique, Dioptrique et Catoptri-
que : Ce sont elles qui, pour ainsi dire, nous ont decouvert de
nouveaux mondes et vn grand nombre de veritez qui paroissent
incroiables à ceux qui ne les voient pas. Les Telescopes nous ont
fait voir des mers, des montagnes, et des vallées dans les Pla-
netes : et des taches dans le Soleil mesme : et les microscopes
nous ont montré des millions d'habitants, pour ainsi dire, dans de
petites gouttes de liqueurs : et dans un petit morçeau de pain
moisi ils nous ont decouvert des campagnes fournies d'vne mer-
veilleuse diversité de plantes : et tous ceux qui s'estudient à penetrer les secrets de la Nature ne sçauroient trouver pour cela de
chemin plus court et plus facile que par le moien de ces instruments que la Dioptrique nous fournit. Ces belles sciences rendent
aussi en quelque maniere la veue à ceux que la viellesse ou les defauts de nature en avoit privez. Qui est ce aussi qui n'a pas gousté
les plaisirs delicieux de la Musique ? Qui est celuy qui n'a pas, ad-
miré les effets merveilleux de la Perspective ? Les utilitez de
l'Hydrolique sont aussi trop communes pour estre ignorées de
qui que ce soit : c'est elle qui fournit l'eau aux villes et aux jar-
dins : par elle on desseiche les mines et les autres lieux qui sans
cela seroient inondez et demeureroient inutiles : et ce sont des
machines hydroliques qui conservent les vaisseaux en pleine mer
et les guarantissent du danger presque inevitable de s'emplir
d'eau et de couler à fonds. Vous sçavez aussi, Messieurs, de quelle
vaste etendue sont les utilitez de cette partie qu'on appelle la
Mechanique : c'est par elle qu'on sçayt multiplier les forces et
faire que les plus grands fardeaux se peuvent remuer et elever
par des agents fort foibles : c'est par elle qu'on surmonte les plus
grandes difficultez dans les trois especes d'Architecture : et enfin
il seroit difficile de trouver quelcun des arts vtiles à la vie humaine qui n'ayt tiré de grands secours de la Mechanique : mais,

crainte de me rendre trop long par vn detail plus etendu, je me contenteray de dire en vn mot que ce sont les Mathematiques qui nous apprennent à decouvrir les veritez æternelles et les loix immuables suivant les quelles les causes secondes produisent leurs effets : en sorte que si nous estions assez heureux pour en acquerir vne cognoissance parfaitte et pour en penetrer les secrets les plus profonds : nous ne trouverions plus rien de difficile et nous sçaurions toujours disposer si bien les agents naturels qu'ils produiroient infailliblement tous les effets que nous pourrions raisonnablement souhaitter.

Neantmoins, Messieurs, l'utilité de ces etudes ne se borne pas à ce que nous venons de dire : Car quelques considérables que soient les effets qu'elles produisent sur les estres materiels; ceux qu'elles font sur les substances intellectuelles sont encor plus à estimer : En effet, Messieurs, elles conduisent comme il faut les operations de l'ame, et c'est là le comble des biens temporels! Car que serviroit il de produire vne infinité de biens differents si les hommes n'en faisoient que de mauvais vsages? Si vn tresor estoit le sujet d'vne infinité de querelles, de process et de guerres, n'y auroit il pas grand lieu de douter si de telles richesses ne seroient point prejudiciables plus tost qu'advantageuses? Ce seroit donc asseurement vne des choses du monde les plus vtiles si l'on pouvoit accoutumer les hommes à faire vn droit vsage de leur raison pour bien distinguer le vray d'avec le faux et ne se laisser pas eblouir par de fausses lumieres jusques à vouloir contester opiniatrement pour des choses absolument opposées à la justice, comme cela ne leur arrive que trop ordinairement, en voulant, à quelque prix que ce soit, s'attribuer des choses qui ne leur appartiennent pas. Or Vous sçavez, Messieurs, que la justesse du raisonnement, aussi bien que toutes les habitudes de l'ame, s'acquiert bien mieux par la pratique que par la Theorie : et ou pourra on la trouver cette justesse de raisonnement mieux practiquée que dans les sciences dont nous parlons? ce sont elles qui par la force et l'evidence de leur demonstrations sçavent forcer l'entendement à en recognoistre la verité : et, s'il Vous plaist de chercher dans tous les siecles passez et chez toutes les nations du Monde, Vous trouverez que les Mathematiques ont tousjours esté les mesmes partout : et que leurs raisonnements sont et ont tousjours esté recognus pour incontestables par tous ceux qui veulent se donner la peine de les comprendre : de mesme donc qu'un œil accoutumé à examiner les pierreries ne se laisse pas tromper jusques à prendre du verre pour un diamant : ainsi il n'est pas possible que ceux qui s'accoutument à raisonner si solidement, ne s'accoutument pas aussi en mesme temps à cognoistre quand on s'eloigne d'un si bon chemin : et ils ne se laisseront jamais tromper par des sophismes aussi grossiers que sont ceux dont on se sert pour engager les hommes à entreprendre de mechants process et des guerres injustes : et à interrompre la felicité des autres aux despens de leur propre repos, et au peril de perdre leur biens et souvent mesme la vie : On ne doibt asséurement craindre rien de pareil d'un esprit imbu, comme il faut, des solides raisonnements que la Mathematique nous fournit. L'etude de cette science est donc non seulement propre à rendre les hommes capables de servir tres utilement le Public ; Mais aussi elle les preserve contre les mauvaises inclinations et les mauvais conseils : et elle reprime l'ambition d'opprimer et d'abbaisser leur prochains : et ainsi il n'y a aucun lieu de douter que c'est de de là qu'on doibt attendre la plus grande felicité dont les hommes soient capables de jouir sur la terre.

Vous voyez donc, Messieurs, de quelle importance il est à tout le Genere humain, et à Vous par consequent, que ceux qui montent sur vne chaire si fameuse que cellecy : et ou on a depuis si long temps enseigné vne science si utile, puissent continuer aussi heureusement que leur Predecesseurs, et remplir dignement les esperances que l'on concoit d'eux. Cette raison, Messieurs, est tres considerable et elle suffiroit seule pour engager des Auditeurs à s'interesser dans un desseing tel que le mien et à contribuer de tout leur pouvoir pour le rendre heureux : Mais asseurement les circonstances ou je me vois la rendent bien plus forte pour moy que pour tout autre : car enfin, il faut l'avouer, vn success ordinaire ne suffira pas dans cette occasion : Ceux qui m'ont precedé dans la charge que j'entreprens n'estoient pas des hommes du commun et ce n'est pas en marchant dans les routes vulgaires que l'on peut suivre leur traces. De plus, Messieurs, toute la Terre sçayt avec quelle Prudence Nostre Grand Prince se gouverne mesmes dans les petites choses : et ainsi, dans vne affaire aussi importante que celle de remplir la chaire ou Vous me voiez à present, et ayant pris vn temps considerable pour y penser à loisir, on ne doutera point qu'il n'ayt vsé de toutes les precautions afin de faire un choix le moins indigne de luy qu'il luy seroit possible.

On sçayt aussi que nous sommes dans vn siecle fertile en grands hommes : et qu'il auroit esté facile à S. A. S. de trouver fort proches plusieurs subjets tres capables et qui auroient dignement occupé la place et fait des progrez tres advantageux : cependant ce Prince si eclairé ne s'en est pas tenu là ; Mais il a jetté la veue jusques dans les pais eloignez et là il a daigné fixer son choix sur moy seul entre vn grand nombre d'autres, et m'a commandé de passer de grands trajets et de Mer et de Terre pour venir dans ce pais parce qu'il me jugeoit propre pour servir utilement ses sujets dans cet employ. Eh qui ne concluera de là qu'il faut que je possede des talents bien extraordinaires ? Ah que je doibs bien à present trembler en considerant la grandeur de mon desseing ! Que ne doibs je point tenter ? Que ne doibs je point entreprendre ? Que ne doibs je point executer et perfectionner afin que le Public ne demeure pas frustré des esperances qu'il aura conceues de moy ? Et pour Vous, Messieurs, si l'importance de la chose est telle que mesme du premier abord elle ayt deub, comme je l'ay prouvé cy dessus, Vous engager à Vous y interesser comme si c'estoit votre affaire propre, ne m'avouerez Vous pas que Vous devez l'avoir encor beaucoup plus à cœur à present que Vous voiez des circumstances de si grand poids qui la rendent plus considerable ?

Cette premiere preuve, Messieurs, me donne la facilité de Vous en aporter vne seconde : Car nous venons de voir combien les esperances du Public seront trompées si je ne reussis pas : or on sçait qu'elles ne sont fondées que sur la haute estime qu'on a justement conceue de la sage conduitte de S. A. S. : Ainsi donc, si ces esperances viennent à estre renversées, il ne sera pas possible que l'on ne soupçonne qu'il y auoit quelque defaut dans le fondement : hé que ne devons nous pas faire pour eviter vn tel malheur? comment souffrir que l'on pust donner quelque atteinte à la gloire de ce grand Prince? Ce n'est pas à moy, Messieurs, à Vous mettre devant les yeux toutes les admirables qualitez qui le distinguent si advantageusement des autres hommes; Vous les connoissez mieux que moy? J'en parle simplement sur le rapport des autres; mais Vous en estes les temoins oculaires : Plusieurs personnes dignes de foi m'ont, à la verité, dans les pais eloignez, rapporté avec etonnement la felicité qu'il procure à ses peuples; Mais Vous, Messieurs, par vne longue et heureuse experience, Vous l'avez ressenti dans vostre patrie mesme : Ce seroit donc perdre le temps si je m'arrestois à Vous en parler : Il ne me reste donc que de tirer vne consequence qui suit d'elle mesme et naturellement des propositions que nous avons etablies : c'est que les droits de sa haute naissance estants joints à l'estime et à l'inclination respectueuse que ses rares vertus inspirent aux ames mesmes les plus barbares · et la recognoissance pour les felicitez qu'il nous procure venant encor se joindre à ces premiers devoirs , il faut par justice, par amour et par recognoissance nous resoudre à toute autre chose plustost qu'à souffrir que la gloire dun si grand Heros soit ternie par la moindre tache : et que nous ne devons rien epargner pour tascher de faire que sa Prudence puisse paroistre advantgeusement en toutes choses et par consequent aussi dans le choix qu'il a daigné faire de moy.

Voila donc, Messieurs, des preuves plus que suffisantes de ce que j'avois entrepris de demonstrer : que vous estes tous interessez au success de mon entreprise ; Vous avez veu combien il y a icy à esperer et combien il y a à craindre : Plust à Dieu qu'il me fust aussi facile de Vous decouvrir quelque bon moien pour vous tirer heureusement d'un pas si glissant et si dangereux ! Mais, quand je considère ma foiblesse et la grandeur de mon desseing, je ne vois pas lieu d'esperer autre chose que ce mot de l'Epitaphe de Phaeton.

Mais c'est tousjours beaucoup de l'avoir entrepris.

Asseurement qu'en faisant reflexion sur les mesures surprenantes que S. A. S. a prises dans cette rencontre il faut demeurer dans vn silence rempli d'admiration ! Ne voiant aucune appa-

rence de pouvoir penetrer les raisons qui ont engagé ce grand
Prince à faire ainsi choix d'un homme tel que moy : mes forces
sont, sans doute, extremement au dessous de ce qui seroit necessaire pour soutenir vn fardeau si pesant : Il faut donc, Messieurs,
que je recoure à Vous : Vous estes mon vnique esperance : daignez me secourir et dans vn besoing si pressant ou il s'agit de
l'interest commun ne me refusez pas vos assistances favorables :
Magnifique Recteur et Vous illustre senat ne dedaignez pas dans
les occasions de m'eclairer de vos sages conseils. Et Vous,
Messieurs, qui Vous trouvez icy dans le desseing d'apprendre et
de cultiver ces hautes cognoissances, nobles et genereux Etudiants
mes chers compagnons, je Vous prie de ne Vous rebutter pas
pour divers defauts qui ne se rencontreront que trop souvent
dans mes Lectures : Car je Vous puis asseurer que Vous pourrez
pourtant tousjours y trouver des veritez dignes de vostre attention : j'ai resolu pour à present de vous expliquer l'Hydrolique :
qui, comme Je l'ay desjà dit, est vne science tres utile et quimerite
par plusieurs raisons qu'on souhaitte de l'apprendre en quelque temps que ce soit : mais à present j'ay encore eu vne cause
particuliere et tres forte qui m'a engagé à la choisir plustost
qu'aucune autre : C'est que pendant le sejour que J'ay depuis peu
fait à Cassel on m'a monstré vne isle qui est jointe au palais du
Prince et dans la quelle S. A. S. a desseing de faire vn jardin
sumptueux : Mais ce n'est pas icy le lieu de parler de la Grandeur
et de la Magnificence de cette entreprise : Je diray donc simplement que entre autres ouvrages difficiles qu'on y fait à grands
frais, on y creuse vn fossé fort grand qui doibt sans doubte contribuer extremement et à la beauté, et à la seureté, et aux plaisirs
delicieux : Mais pour pouvoir approfondir ce fossé autant qu'il est
necessaire il faut continuellement tirer l'eau dont il se remplit en
abundance : et par consequent les Machines Hydroliques seront
de grand vsage pour cet effet : Si donc nous pouvons estre assez
heureux pour inventer sur cela quelque chose de plus facile, de
plus simple, et de plus commode que ce qu'on a trouvé jusques
icy : en sorte que l'on peust faire les choses plus promptement et
avec moins de peine qu'on ne les feroit sans cela : ce seroit sans
doute rendre vn service agreable à S. A. S. : et quel cas ne doit
on pas faire d'un advantage si glorieux? sus donc, Messieurs,
emploions à cela toute l'etendue de nos forces : examinons,
avec vn jugement droit et severe, les Principes des hydroliques
et toutes les consequences qu'on en a tirées : taschons de
discerner tout ce qu'il y aura de bon et ce qu'il y aura de mauvais dans toutes les Machines qui pourront venir à nostre cognoissance : et calculons exactement combien on doibt esperer d'effet
de chacune d'elles : travaillons aussi à determiner quelle est
la disposition et la proportion qu'il faut donner aux parties des
machines pour leur faire produire le plus d'effet qu'il est possible :
et pour le pouvoir tousjours faire à coup seur moiennant qu'on
sçache combien on a de force mouvante et jusques à quelle hau-

teur il faut faire monter l'eau : en un mot ne laissons rien dans ces matieres que nous ne pesions et ne sondions avec grand soing pour en tirer tous les advantages possibles. Il est vray que dans ce siecle il y a eu quantité de sçavants tres habiles et ingenieux qui ont cultivé ces sciences et qui les ont perfectionnées fort considerablement : mais on ne les a pourtant pas encor conduittes au plus haut degré ou elles puissent monter : Je Vous prie donc, Messieurs, de ne vous contenter pas d'ecouter et de bien comprendre les choses que j'auray expliquées, mais de les pousser plus loing par vos propres meditations : si j'ay le bonheur de rencontrer quelque chose de nouveau daignez Vous appliquer à luy donner la derniere main et le conduire à sa plus haute perfection : taschez aussi d'en tirer de nouvelles consequences : Enfin faittes en sorte qu'il paroisse à toute la Terre que les Mathematiques ne tombent pas en decadence dans cette fameuse Vniversité, mais que plustost elles s'avancent et acquierent de nouvelles forces. Ah que nostre bonheur sera digne d'envie si en joignant ainsi nos etudes et nos soings nous pouvons enfin produire quelque chose d'utile au Public, et laisser à la Posterité quelque marque eternelle de nostre Zele ardent pour le service de nostre Prince.

Pour moy, Messieurs, je n'epargneray, sans doute, ni mes peines ni mes veilles pour vous proposer des veritez importantes avec tout le bon ordre et toute la clarté que mon peu de capacité me le pourra permettre : je ne refuseray pas aussi, quand il en sera besoing, de faire des experiences pour confirmer ce que j'auray avancé : je m'efforceray aussi de vous produire de temps en temps quelque nouvelle pensée pour Vous donner occasion de trouver quelque chose de meilleur : et encas que mes forces y succombent et qu'il y aille de ma santé et mesme de ma vie : Je suis persuadé que je ne puis les sacrifier plus utilement ni pour vn plus beau desseing.

Le Zele que l'Autheur a fait paroistre dans cette Harangue n'a pas, graces à Dieu, esté sans fruit jusques à présent : comme on peut voir par la pompe de Hesse et autres inventions contenues dans ce petit ouvrage : Plust à Dieu qu'il puisse dans la suitte inventer et executer d'autres choses qui meritent effectivement de remplir les esperances que l'on a fait voir que le Public doibt avoir conceues.

Post script.

Il faut remarquer que quand on veut faire succer la Pompe de Hesse il ne faut pas la dresser comme elle est representée fig. 2., mais il vaut mieux la poser horizontalement afin que le tuyau PP, par ou l'eau entre dans le tambour, aille droit en bas sans qu'il soit besoing de le courber : Mais principalement afin que l'on puisse appliquer vn vaisseau pour contenir de l'eau autour du trou par ou passe l'axe BB : Car alors ce trou se trouvera en haut : et estant tousjours convert d'eau on sera asseuré qu'il n'y pourra passer d'air. Pour le tuyau AD il sera facile de le courber vers en haut selon le lieu ou on voudra conduire l'eau.

Il ne faut pas esperer que la Machine, qu'on avoit faitte à Paris pour faire passer les fumées au travers du feu et dont il est parlé dans la lettre a S. E. Mons. le Comte de Witgenstein, puisse estre utile pour evaporer l'eau des salines : Car, pour vn tel vsage, il faut qu'il y ayt vne grande longueur de tuyaux entre le fourneau et le tuyau montant par ou la fumée sort : et ainsi ce tuyau n'acquiert pas la chaleur necessaire pour attirer la flame de ce costé là : c'est pourquoy le soufflet est toujours necessaire.

En cas que l'experience fasse voir que ce seroit vne chose trop mal saine de faire que l'air qui a passé par le feu entrast dans les poesles qu'on chaufferoit de la maniere dont on a parlé à la fin de la lettre à S. E. Mons. le Comte de Witgenstein : il seroit facile d'y remedier en conduisant cet air hors du poesle par le moien d'un tuyau qui penetreroit le plancher ou quelqu'une des murailles.

Fin.

Paris. — Impr. de Dezarrsos et Ce, rue Coq-Héron, 5.